작은 초능력자가 만드는 바이오수소

작은 초능력자가 만드는 바이오수소

_심해 미생물 연구 이야기

초판 1쇄 발행 2020년 8월 3일

지은이 강성균·이현숙·이정현
펴낸이 이원중

펴낸곳 지성사 **출판등록일** 1993년 12월 9일 **등록번호** 제10-916호
주소 (03458) 서울시 은평구 진흥로68(녹번동) 정안빌딩 2층(북측)
전화 (02) 335-5494 **팩스** (02) 335-5496
홈페이지 www.jisungsa.co.kr **이메일** jisungsa@hanmail.net

ISBN 978-89-7889-447-0 (04400)
ISBN 978-89-7889-168-4 (세트)

잘못된 책은 바꾸어드립니다. 책값은 뒤표지에 있습니다.

이 도서의 국립중앙도서관 출판시도서목록(CIP)은 서지정보유통지원시스템
홈페이지(http://seoji.nl.go.kr)와 국가자료공동목록시스템(http:www.nl.go.kr/kolisnet)에서
이용하실 수 있습니다. (CIP제어번호:CIP2020030735)

작은 초능력자가 만드는 바이오수소

심해 미생물 연구 이야기

강성균
이현숙
이정현
지음

■ 차례

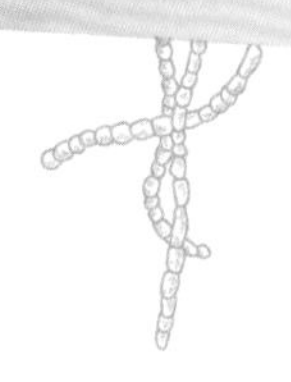

■ 여는 글

깊은 바닷속, 아주 작은 생명체

"세상의 모든 물은 바다를 연모하며 달린다." 이렇게 말하고 보니, 문득 어릴 적 부르던 〈시냇물〉이란 동요가 생각난다.

냇물아 흘러 흘러 어디로 가니
강물 따라 가고 싶어 강으로 간다
강물아 흘러 흘러 어디로 가니
넓은 세상 보고 싶어 바다로 간다

"넓은 세상 보고 싶어" 바다로 가는 강물이라는 말처럼 바다는 지구상의 70퍼센트의 물이 모여 만드는 거대한 푸른 광장이다. 그런데 왜 물은 이토록 넘치고, 이 많은 물은 도대체 어디에서 온 것일까? 노래 가사처럼 세상의 강물이 바다를 만든 것일까? 바다는 말이 없다. 사람도 드러난 얼굴만 봐서는 알 수 없듯이 바다도 겉모습만으로는 실체를 알기 어려운 것이다.

바다에는 우리 눈에는 보이지 않는 미생물이 많이 살고 있다. 우리와 무관해 보이는 이 미생물들은 실은 오늘도 지구의 물질순환에 중요한 역할을 하고 있다. 이들은 바다 어느 곳에서나 발견되며, 깊은 바다에 살고 있는 것도 많다. 심지어 섭씨 400도나 되는 뜨거운 물을 분출하는 심해 열수구에서 생존하는 미생물도 있다.

심해 열수구는 우리에게는 아주 낯선 환경이다. 이곳은 우리가 살아가는 곳과는 전혀 다르게 태양에 의존하지 않은 채 신비하고 독립적인 생태계를 이루고 있다. 심해 열수구의 발견 후, 지난 수십 년간 이곳에서 살아가는 생명체들은 과학자들의 호기심을 자극하는 연구 대상으로 주목되어왔다. 깊은 바다의 열수구는 지구상의 생명체가 접하기 어려운 고압, 고온 외에도 다량의 황, 일산화탄소 등 독성물질을 함유하고 있는 극한 환경에 놓여 있기 때문이다. 이는 바다 생명체, 그중에서도 미생물을 연구하는 많은 해양과학자들게도 마찬가지였다. 한국해양과학기술원 해양생명공학연구센터 소속인 우리 연구자들도 바다의 극한 영역에 살고 있는 생명체들을 이해하기 위해 노력해왔다.

그러던 중 우리는 남태평양 파푸아뉴기니 근처 깊은 바닷속으로 1650미터를 내려가 열수구라는 특이한 환경 근처에서 시료를 채집할 수 있었다. 그리고 그 시료에서 1마이크로미터 크기의 미생물을 분리해냈다. 1마이크로미터는 1미터의 100만분의 1에 해당하는 길이로서 사람 머리카락의 평균 굵기가 18~180마이크로미터이므로 맨눈으로는 볼 수 없는 크기이다. 이러한 생명체가 상식의 경계를 뛰어넘는 놀라운 생명현상을 갖고 있음을 발견한 일은 행운이었다. 이를 통해 우리는 새로운 도전의 중요성과 필요성을 절실히 깨달을 수 있었다.

장장 15년간 우리 연구자들은 눈에 보이지 않는 심해 열수구 미생물의 연구에 매진했다. 과학적 호기심에서 시작된 열정을 이어가며 마침내 미생물을 이해하게 되는 연구의 모든 과정과 성취를 공유하기 위해 글을 쓰는 것도 새로운 도전이다. 연구 과정에서 터득한 지식과 경험이 누군가에게 새로운 영감을 줄 수 있기를 바란다.

바다가 희망이다! 우리는 이제 이 상투적인 말 속에 숨은 비밀을 풀어야 한다. 우리에게는 삼면이 바다로 둘러싸여 마음만 먹으면 언제든 달려가 바다를 누릴 권리가 주어져 있다. 그런데도 희망의 공간이라는 바다의 참모습을 밝히기 위해 얼마나 노력하고 있을까.

우리는 바다를 관찰하고 연구하는 일을 멈추지 말아야 한다. 바닷속에서 살아온 마이크로 생명체는 바다를 이해하는 또 다른 통로가 될 수 있다. 또 바다가 얼마나 무궁무진한 잠재력을 갖추고 있는지를 새롭게 바라보도록 해줄 수 있다. 그러니 바다가 희망의 공간이라는 말은 이런 잠재력이 가시화될 때 실감할 수 있을 것이다.

1장

인류와 미생물의 만남

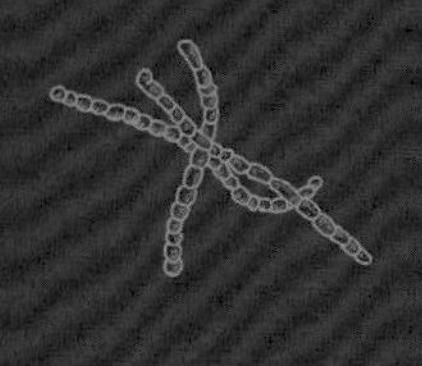

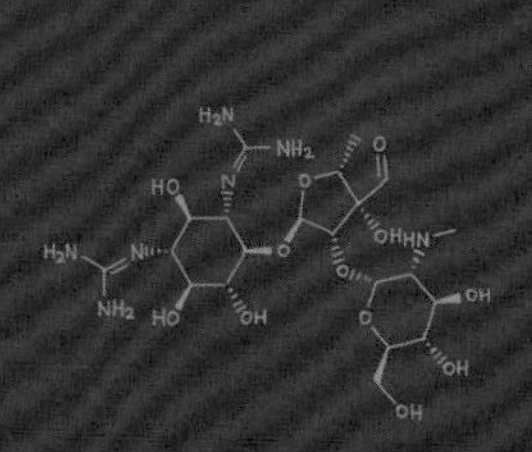

미생물의 정의

미생물이란 사람의 육안으로는 확인하기 어려운 아주 작은 생명체를 말한다. 미생물의 크기를 말할 때 흔히 마이크로미터(μm)를 쓴다. 우리가 일상적으로 사용하는 자를 보면 가장 작은 단위가 밀리미터(mm)인데, 마이크로미터는 이 밀리미터를 1000분의 1로 나눈 크기이다. 1마이크로미터보다 작은 크기부터 수백 마이크로미터에 이르는 크기까지 다양한 생명체들이 포함된다. 생물 분류상 바이러스(Virus), 세균(Bacteria)과 고균(Archaea)을 포함하는 원핵생물, 곰팡이(균류, Fungi)와 원생생물(Protozoa)을 포함하는 진핵생물까지 광범위하다.

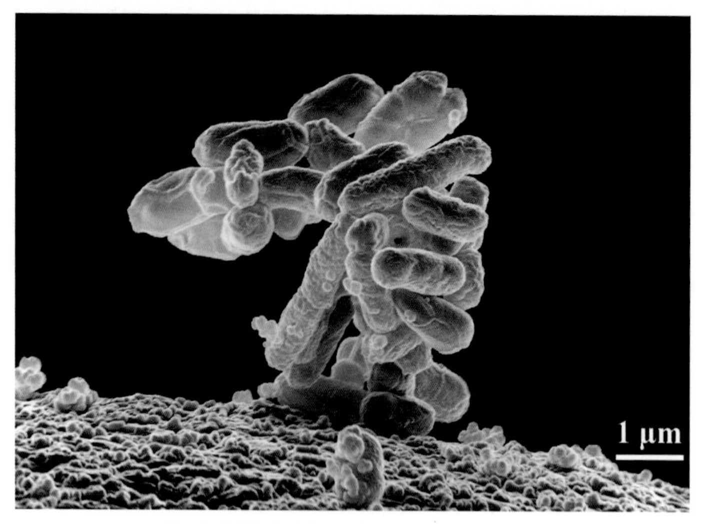

대표적 미생물인 대장균(1만 배 확대한 전자현미경 사진)

사람들은 눈에 보이지 않는 미생물의 존재를 인식하지 못하지만, 인류의 삶에서 미생물이 관여하지 않는 현상은 거의 없을 것이다. 대기, 남극의 얼음 속, 마리아나 해구, 지각 아래 수 킬로미터(km)에 이르기까지 지구의 구석구석 미생물이 발견되지 않는 환경은 거의 없다. 그 숫자를 생각하면 미생물이 눈에 보이지 않는 것은 참 다행이라고 할 수 있다. 조그마한 벌레도 성가셔서 살충제를 뿌려 퇴치하는 사람들의 눈에 무수한 미생물들이 떠다니는 게 보인다면 참을 수 없을 것이기 때문이다.

미생물은 그 크기만큼이나 세포의 구성 면에서도 종류가 다양하다. 세균과 고균처럼 하나의 세포로 구성된 단세포 미생물, 방선균(Actinomycetes)이나 곰팡이처럼 여러 개의 세포로 구성된 다세포 미생물도 있다.

생긴 형태로 구분해보면 종류가 더 다양하다. 최근 국제적으로 많은 과학자들이 공동으로 연구한 '해양생물 조사(CoML; Census of Marine Life, http://www.coml.org)' 프로젝트의 미생물 연구 결과에 따르면, 기존에 알려지지 않은 미생물이 상당수 발견되었는데 어떤 형태라고 말하기 어려운 비정형의 미생물들이 많다. 그러나 이렇게 작고 보이지 않는 미생물이 우리 삶에 미치는 영향력은 작지 않다.

인류 역사 속의 미생물

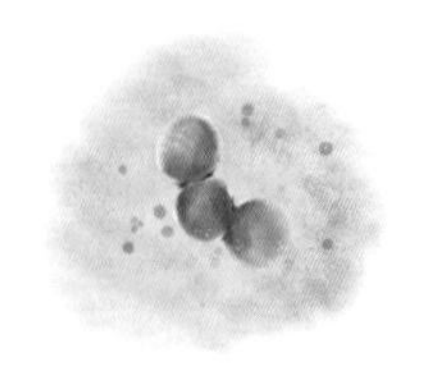

화석을 연구해보면 미생물은 46억 년의 지구 역사에서 38억 년 이전부터 지구상에 존재했던 것으로 보인다. 미생물은 인류 역사에도 상당한 영향을 미쳤다. 사람들은 1만 년 전에 이미 미생물인 효모를 이용하여 빵과 와인을 만들었다. 음식 외에도 미생물이 인류 역사에 영향을 준 예는 수없이 많다.

'역병(疫病)', 곧 전염병은 그 원인이 무엇인지 모른 채 고통을 주고 생명을 앗아가는 두려운 현상이었다. 대부분 눈에 보이지 않는 미생물이 병의 원인인 경우가 많았다. 미생물에 의해 감염되는 전염병으로 6~7세기 동로

마 제국은 인구의 절반을 잃었고, 스페인이 남아메리카를 침략하면서 함께 옮긴 천연두(天然痘, smallpox) 바이러스는 면역력이 없던 원주민들 사이에 급속도로 퍼져 나가 아스텍 제국의 멸망에 일조하기도 했다.

14~15세기 오스만 제국이 유럽 정복 전쟁을 벌일 때에는 미생물의 일종인 예르시니아 페스티스(*Yersinia pestis*)라는 세균에 의한 흑사병(黑死病, Pestilence)으로 유럽에서만 7500만 명이 죽었다. 이는 유럽의 봉건제도가 무너지는 결과를 가져왔고, 이후 도시를 중심으로 한 르네상스 문명이 시작되는 기폭제 역할을 하기도 했다.

20세기에 이르러서도 미생물에 의한 역사적 변화는 계속되었다. 제1차 세계대전(1914~1918) 중에 조류인플루엔자 바이러스에 의한 스페인 독감으로 1918년부터 1920년까지 단 2년간 전 세계적으로 최소 5000만 명에서 최대 1억 명이 목숨을 잃었다. 제1차 세계대전의 희생자가 1600만 명이라고 하니, 미생물로 인한 희생자가 전쟁 희생자의 3배에 달했던 것이다. 2019년 중국에서 최초로 발생하여 전 세계로 확산된 코로나 바이러스(COVID-19)가 사람들의 일상과 경제생활에 미친 영향을 고려하면

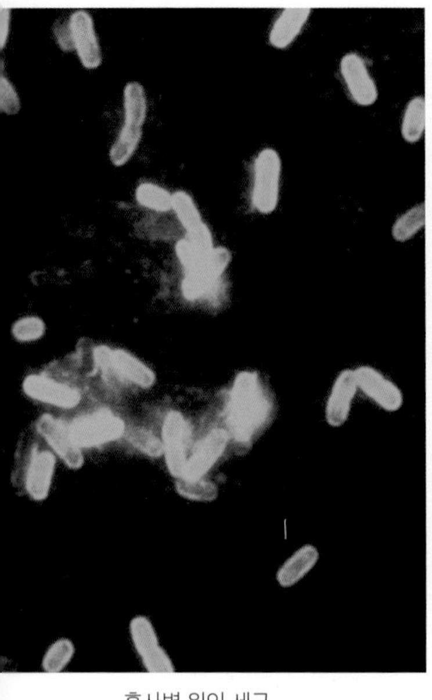

흑사병 원인 세균

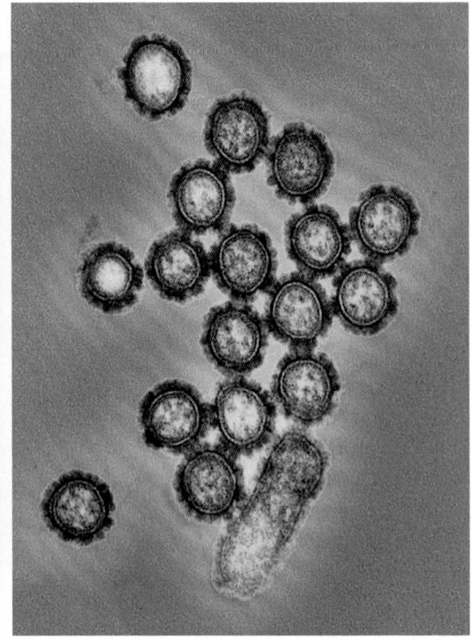

스페인 독감 바이러스

미생물의 영향력을 잘 이해할 수 있을 것 같다.

눈에 보이지 않는 미생물의 존재를 알지 못했던 시대에는 병의 원인을 제대로 파악할 수 없었고 예방법, 치료법도 마련하기 어려웠다. 그렇다면 사람들은 어떻게 미생물의 존재를 알아낸 것일까?

미생물은 영국의 물리학자이자 화학자, 천문학자인 로버트 훅(Robert Hooke, 1635~1703)이 현미경을 이용해

곰팡이의 포자를 관찰하면서 그 존재를 확인하였다. 그 뒤 네덜란드의 박물학자 안톤 판 레이우엔훅(Anton van Leeuwenhoek, 1632~1723)이 광학현미경을 이용해 세균을 관찰하였고, 프랑스의 미생물학자이자 화학자인 루이 파스퇴르(Louis Pasteur, 1822~1895)가 열을 가해 세균을 죽일 수 있는 방법을 발견하였다. 독일의 세균학자이자 의학자인 로베르트 코흐(Robert Koch, 1843~1910)는 세균의 한 종류를 순수 배양하는 방법을 보급하여 병원성 미생물 연구의 기초를 쌓았다. 이로써 수많은 질병을 일으키는 미생물의 규명과 감염예방이 가능해졌다.

이러한 미생물은 수적으로도 많을 뿐 아니라 다양한 생리적 특징을 가지고 있어서 바이오에너지, 효소, 식품, 의약 소재 또는 산업 소재 생산 등 활용도가 무궁무진하다. 미생물을 이용한 한 가지 예로 항생제의 발견을 들 수 있는데 이는 인류 역사에 커다란 사건으로 기록되어 있으며, 지금까지도 항생제는 인류 건강에 큰 도움을 주고 있다.

항생제란 몸에 침입한 세균을 사멸하여 질병을 치료하는 약이다. 대표적인 항생제로는 1928년 토양의 균류에

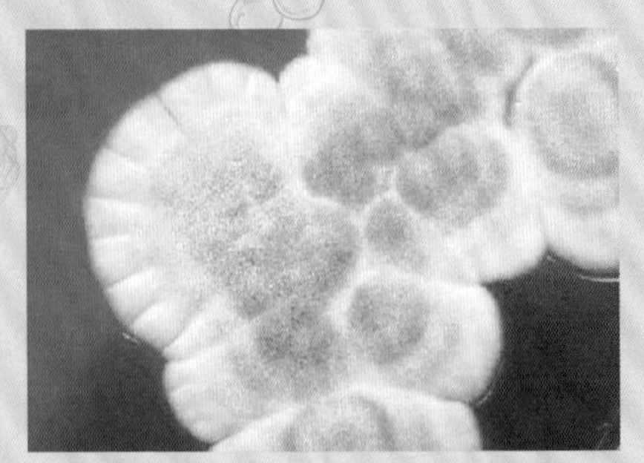

페니실린을 만드는 푸른곰팡이

페니실린 구조

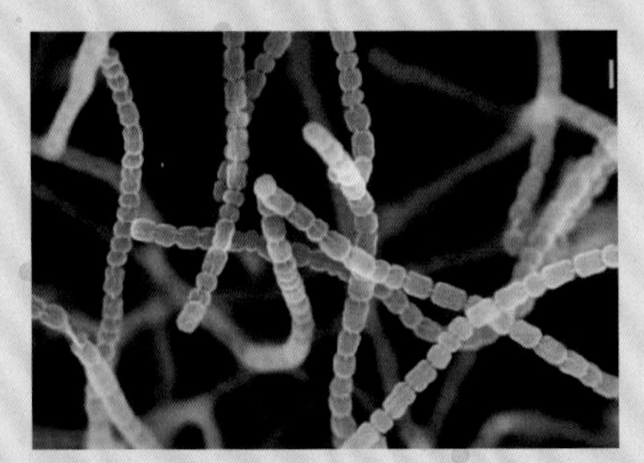

토양 방선균(스트렙토마이세스 그리시우스)

스트렙토마이신 구조

서 발견한 페니실린(Penicillin)과 1944년 토양의 세균에서 발견한 스트렙토마이신(Streptomycin)이 있다.

최근에는 각각의 미생물에 대한 연구를 넘어 생물과 공생하며 특별한 역할을 하는 구성인자로서의 미생물, 곧 마이크로바이옴(microbiome)에 대한 연구가 활발히 이루어지고 있다. 마이크로바이옴이란 말은 고대 그리스어 μικρός(micro, 작은)와 βιος(biome, 삶)가 결합된 단어이다.

장(腸) 건강을 위해 유산균을 먹으라는 광고를 본 적이 있을 것이다. 유산균도 미생물의 한 종류인데, 이 미생물이 사람의 대장 속에서 유익한 역할을 하여 질병을 이기는 데 도움이 된다고 한다. 이때 인간은 하나의 생물인 동시에 유산균이라는 또 다른 생물이 살아가는 환경이 된다. 한 생물에는 '내 안의 또 다른 나'라고 할 만큼 엄청난 수의 미생물이 살고 있고, 하나의 생태계를 이룬다. 그 생태계는 매우 복잡하며 이것에 주목한 것이 바로 마이크로바이옴 연구이다.

사람의 경우, 장기마다 다양한 종류의 미생물들이 존재한다. 이들은 질병을 일으키지 않아 무해한 공생 미생물(normal flora) 정도로 여겨졌지만, 최근 이 미생물들이 인간의 몸에 필요한 다양한 대사는 물론, 질병을 조절하는 역할도 하는 것으로 밝혀져 주목받고 있다. 현재는 인간의 몸속에서 작용하는 마이크로바이옴을 이해하고 활용하는 단계로 발전하면서 신약 개발 연구로 이어지고 있다.

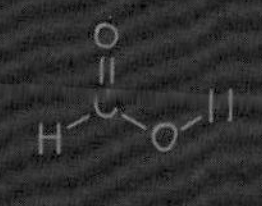

2장

별나고 독특한 극한 미생물

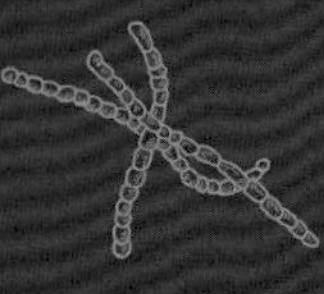

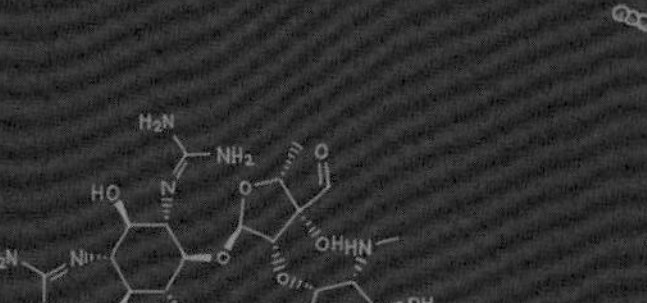

미생물의 대사

대사(代謝)란 생물이 외부로부터 영양분을 섭취하여 필요한 에너지를 얻고 불필요한 것은 몸 밖으로 배출하는 작용을 말한다. 미생물도 생물이므로 대사 작용을 한다. 그렇다면 미생물은 무엇을 먹고 살아갈까?

미생물의 섭식과 에너지 대사 과정은 상상 이상으로 다양하다. 생물이 성장하려면 생물체 구성 성분을 만들어야 한다. 대표적으로 세포를 구성하는 세포막의 주성분인 지질, 대사 과정에 기능하는 효소의 주성분인 단백질 등의 주요 원소는 탄소이다. 이 성분을 어디로부터 얻느냐에 따라 미생물을 분류할 수 있다. 탄수화물,

단백질, 지방 등 유기화합물을 탄소원으로 이용하는 생물을 종속영양생물(heterotroph)이라고 한다. 반면에 이산화탄소(CO_2) 같은 무기물에서 탄소를 고정하는 방식으로 유기물을 만들어낼 수 있는 생물을 독립영양생물(autotroph)이라고 한다. 일반적으로 식물은 독립영양생물, 동물은 종속영양생물이라고 할 수 있다. 미생물 중에는 양쪽 기능이 모두 가능한 것도 있다.

최근 기후변화와 지구온난화 문제가 심각해짐에 따라 독립영양 미생물을 이용하여 온실가스인 이산화탄소를 감소시키는 기술을 개발하는 연구가 진행되고 있다.

유기물을 합성하는 과정에는 에너지가 필요하다. 지구에 사는 생명체에 있어서 에너지의 근원은 태양이라고 말한다. 그렇다면 햇빛이 전혀 닿지 않는 깊은 바닷속에는 생물이 살지 않는 것일까? 예전에는 그렇다고 생각했다. 하지만 인류가 깊은 바닷속까지 탐험할 수 있게 되면서 햇빛이 닿지 않는 곳에도 생명체가 살고 있음을 확인하였다. 그 생명체 중에는 미생물도 포함된다.

미생물은 에너지를 얻는 방법에 따라 세 그룹으로 분류할 수 있다. 광합성(photosynthesis) 생물은 말 그대로 광(光), 곧 빛에너지를 이용하여 영양분을 생성하여 광영양생물(phototroph)이라고 불린다. 반면, 화학합성(chemosynthesis) 생물은 빛 대신 무기화합물이 화학적 반응을 일으킬 때 나오는 에너지를 이용하여 화학영양생물(chemotroph)라고 불린다. 화학적 반응으로 영양분을 만들 수 있는 미생물이 식물과 같은 1차 생산자가 되어준 덕분에 햇빛이 전혀 닿지 않는 암흑 세계에서도 이 미생물을 먹는 2차 소비자, 이를 먹는 3차 소비자 등의 먹이사슬이 순차적으로 형성되며 생태계를 이루는 것이다. 광합성 생물, 화학합성 생물 외에 유기물 분해(organotroph) 생물도 있는데 이 미생물은 유기물을 분해할 때 발생하는 에너지를 이용하여 생명을 유지한다.

지구상의 모든 생명체는 생명을 유지하는 과정에서 공통적으로 DNA 복제(replication), 전사(transcription), 단백질 합성 (translation) 등의 필수적인 현상을 보인다. 미생물도 예외는 아니다. 하지만 공통적인 부분 외에 미생물들은 저마다 독특한 대사 체계를 가지고 있다. 그 이유는 미생물이 서식하고 있는 환경이 다르기 때문인데, 미생물은 환경에 적합하게 분화하고 진화한다.

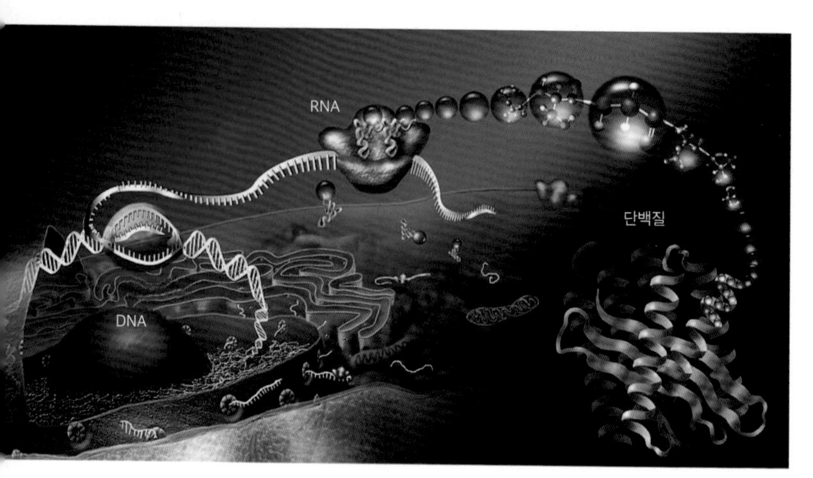

단백질 합성 과정

예를 들어, 분해가 어려운 플라스틱이나 유류(油類)가 풍부한 환경에 서식하는 미생물은 다른 환경의 미생물과는 달리 유류, 플라스틱을 분해하여 영양물질을 섭취하는 대사 체계를 가지고 있는 경우가 많다. 보통 생물을 죽일 수 있다고 여겨지는 독성 높은 화합물이나 폐수가 많은 환경에서 오래 살아온 미생물들은 독성물질에 내성을 가지고 있거나 오히려 독성물질을 분해하여 영양소로 활용하기도 한다.

이러한 적응력 덕분에 미생물은 온도가 아주 높거나

낮은 곳, 수소이온농도지수(pH)가 아주 높거나 낮은 곳 등 일반 생물은 살기 어려운 극한 조건에서도 생존이 가능하다. 생명공학자들은 미생물이 극한 환경을 극복하기 위해서 만든 최적의 대사 전략을 이해하고 그것을 활용하는 연구를 수행하고 있다.

극한
미생물

인간이 생활하는 일상적 환경과는 달리 고온, 저온, 고압, 고염, 고산성도, 저산성도, 무산소 등 생물이 서식하기 어려운 극한 환경에서 살아가는 미생물을 통칭하여 극한 미생물(extremophiles)이라고 부른다. 극한 미생물은 성장에 가장 알맞은 온도에 따라 초고온성 미생물(hyperthermophiles), 고온성 미생물(thermophiles), 저온성 미생물(psychrophiles)로 나누고, 환경의 산성도에 따라 산성을 선호하는 호산성 미생물(acidophiles), 염기성을 선호하는 호알칼리성 미생물(alkalophiles)로 나눈다. 또 소금기, 곧 염도에 따라 염도가 높은 환경에서 살 수 있는 호

극한 환경에 서식하는 극한 미생물

미국 옐로스톤공원의
모닝글로리 못에 사는
서무스 아쿠아티쿠스
(*Thermus aquaticus*)

미국 샌프란시스코만
염호에 사는
두날리엘라 살리나
(*Dunaliella salina*)

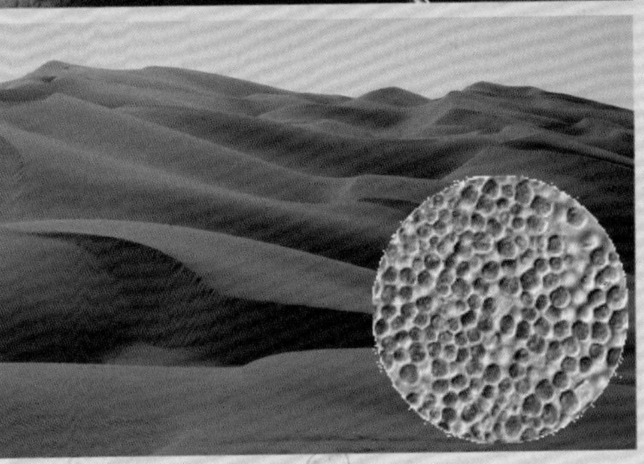

아랍에미리트의
모래언덕에 사는
크루코시디옵시스 서말리스
(*Chroococcidiopsis thermalis*)

염성 미생물(halophiles)로도 나눈다. 그런가 하면 깊은 바다의 엄청난 압력에서도 살아가는 미생물은 고압성 미생물(piezophiles), 사막처럼 건조한 환경에 내성이 있는 미생물은 호건성 미생물(xerophiles)로 구분하기도 한다.

극한 미생물은 극한 조건에서도 생명을 유지할 수 있는 대사 체계와 효소들을 가지고 있어서 보통의 조건에 두면 오히려 생존력이 떨어진다. 이러한 미생물의 발견은 지구상의 극한 환경을 넘어 극한 우주 환경에서도 생명체가 존재할 수 있는가에 대한 인류의 오랜 물음에 답을 찾는 데도 도움이 될 것이다.

미국의 항공우주연구원(NASA)에서는 지구환경에서 극한 미생물로부터 얻은 지식을 바탕으로 화성의 메탄 성분 탐색과 토성의 위성인 '엔셀라두스'의 열수 활동 연구 등 지구 밖 생명 활동에 관한 연구를 진행하고 있다. 외계 생명체의 존재 여부를 떠나 이러한 호기심과 끊임없는 도전은 언젠가 상식을 깨는 과학의 새로운 지평을 열 것이다.

극한 미생물에 관한 세계 기록

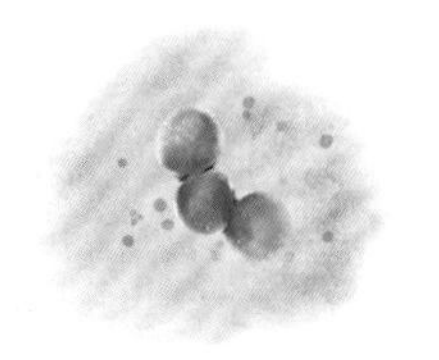

음식을 오래 보관하기 위해서 낮은 온도에 두거나 아예 얼리기도 한다. 바람에 말려 수분을 없애거나 식초 또는 소금에 절이기도 하고 삶거나 굽기도 한다. 음식물 속의 미생물을 없앰으로써 음식이 상하는 것을 막는 것이다. 하지만 이런 처리에도 불구하고 죽지 않고 살아남는 미생물이 있다. 바로 극한 미생물이다.

극한 미생물은 과연 얼마나 극한 환경에서도 생존할 수 있을까? 일반적으로 미생물을 멸균하는 온도는 섭씨 121도인데, 2001년 심해 열수구에서는 바로 이 온도에서도 자라는 지오겜마 바로시아이(*Geogemma barossii*)가 발견되어 '121 균주(Strain 121)'라는 이름이 붙었다. 또한 캐나다 북쪽 지역에는 오래전부터 얼어 있는 영구 동토층이 있는데, 이곳에서 발견된 플라노코쿠스 할로크리오필루스(*Planococcus halocryophilus* Or1)는 영하 15도에서 성장이 가능하고 영하 25도에서도 대사 활동을 할 수 있다는 것이 확인되었다. 보통 생물이라면 그대로 녹아버리는 pH 0의 극한 산성에서도 생존하는 페로플라스마 애시드아마누스(*Ferroplasma acidarmanus* Fer1T)가 산성 광산 배수에서 분리되었고, 인간에게는 치명적인 독성을 보이는 비소(As)에 내성을 가지는 미생물 GFAJ-1이 알칼리 호수에서 분리되기도 했다.

수분 함량이 적어 미생물이 자라기 어려운 당장식품(糖藏食品) 또는 건조식품을 부패하게 만드는 악명 높은 호건성 미생물(xerophiles)로는 제로마이세스 비스포러스(*Xeromyces bisporus*), 자이고사카로마이세스 룩시(*Zygosaccharomyces rouxii*), 아스퍼질러스 페니실리오이데스(*Aspergillus penicillioides*)라는 부패 곰팡이들이 알려져 있다. *X. bisporus*는 잼(jam)과 같은 고당도 식품에서도 자라기 때문에 호삼투성 미생물(osmophiles)이라고도 불리는데 말

비소 세균 GFAJ-1

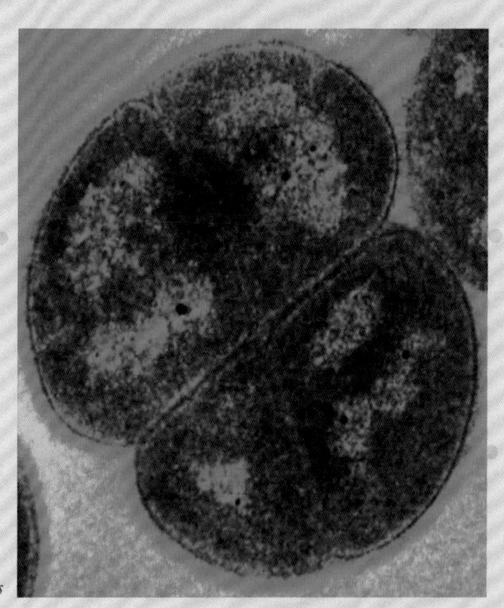

방사선 내성 세균 *D. radiodurans*

린 과일, 초콜릿처럼 당도가 높으면서 건조된 식품도 부패하게 만든다. *Z. rouxii*는 산성도가 높은 과일 농축액을 부패시키는데, 소금에 절인 채소를 부패시키는 호염성 미생물이기도 하다. *A. penicillioides*는 주로 집 안 먼지나 색이 바랜 종이에서 발견되며, 말린 고추나 말린 어류와 같은 건조한 식품을 부패시킨다.

기네스 기록(The Guinness Book of Records)에 가장 강한 세균으로 등재된 데이노코쿠스 라디오두란스(*Deinococcus radiodurans*)는 감마선(ɣ-radiation), 자외선(UV), 저온, 건조, 무산소, 강산성 등의 조건에서도 살아남는 것으로 밝혀졌다.

앞으로도 생존 기록을 갱신하는 극한 환경의 미생물들이 계속 발견될 것이다. 미생물의 한계가 어느 정도인지 가늠할 수가 없다.

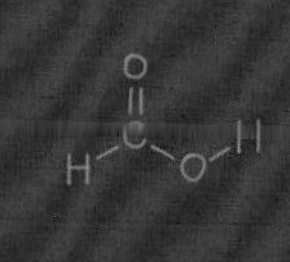

3장

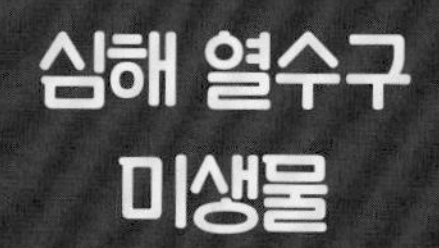

심해 열수구 미생물

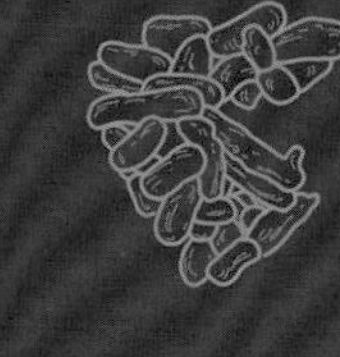

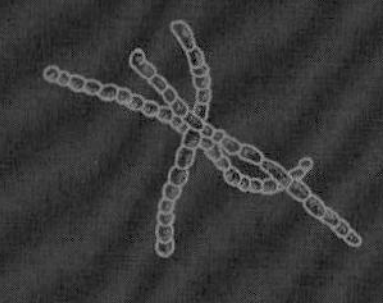

심해 환경

바다는 지구 부피의 90퍼센트 이상을 차지하고 있는 거대한 영역으로 바닷물은 평균 3.5퍼센트의 소금물이고, 수심과 위도에 따라 온도나 압력 등의 물리적 환경이 변하며, 해류의 흐름에 따라 평균적인 바다와는 전혀 다른 특성을 가지고 있는 국소적인 지역해가 존재한다. 그 바다 속에 엄청난 수의 미생물이 살고 있다. 바닷물 몇 방울 속에도 천 개 이상의 미생물이 살 수 있다. 그 종류도 다양해서 현재 3만 5000종이 확인되었는데 1조 이상일 것으로 예측되고 있다. 해양의 변화무쌍한 환경에서 미생물들은 자신에게 적합한 서식 환경을 찾아 생존하고 있다.

심해(deep sea)는 수심 1000미터 이상 되는, 햇빛이 닿지 않는 영역으로 지구 표면의 60퍼센트, 바다의 85퍼센트에 해당한다. 수온은 섭씨 1~2도 정도이고, 기압은 해수면에서 10미터 내려갈 때마다 1기압씩 더해지니 상상하기 힘들 정도로 수압이 높다.

햇빛이 도달하지 못하는 깊이여서 해조류나 식물성 플랑크톤처럼 광합성을 하는 1차 생산자들의 활동은 없다. 심해의 생물들은 주로 '마린 스노(marine snow)' 형태로 유기물을 공급받는데, 이는 생물의 사체나 배설물 등이 눈처럼 바다 밑바닥으로 내리는 현상을 말한다. 하지만 심해의 생물들이 죽은 플랑크톤에만 의지해 살아가는 것은 아니다.

심해의 환경은 아주 특이하다. 지구의 화산 활동으로 인하여 해저에는 마그마로부터 공급된 다양한 무기물이 존재한다. 메탄, 수소 등 무기물을 이용하여 유기물을 합성하는 생명체가 1차 생산자 역할을 하는 생태계가 있다. 1차 생산자로부터 시작되는 먹이사슬을 만드는 생태계는 생물 다양성이 높아 바이오 핫스팟(bio hotspot)이라 부른다. 예를 들어, 흑해(Black Sea)의 심해는 용존산소가 부족하고 황화수소와 같은 독성 물질 때문에 생명현상이 없을 것으로 보이지만, 해저에서 용출되는 메탄가스를 분해하는 미생물 층의 발달로 먹이사슬이 형성되어 있다.

심해 오아시스,
열수구

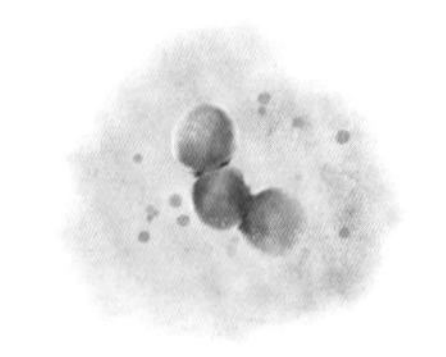

사막을 지나는 상인들은 종종 '오아시스'라는 샘을 만난다. 물이 귀한 사막에서 오아시스는 물과 휴식처를 제공하는 생존의 보루로서 오아시스 주변에는 사람들이 모여 살기도 한다. 바닷속에도 오아시스 같은 곳이 있을까? 사막의 오아시스와는 다른 형태이지만, 어떤 생명체도 살 수 없을 것만 같은 깊은 바다 밑에 열수구(熱水口, hydrothermal vent)라는 이름의 '오아시스'가 있다.

처음 발견 당시 열수구는 단순히 지각 화산 활동이 일어나는 곳으로 여겨졌다. 지각의 갈라진 틈새로 스며든 찬 바닷물이 마그마(magma)에 의해 끓어 표면으로 다시

사막의 오아시스

심해 열수구와 관벌레

분출되는 과정에서 지각의 다양한 화학 성분들이 바닷물에 용해되어 검은색의 뜨거운 물이 나오는 '블랙 스모커(Black smoker)', 상대적으로 낮은 온도의 물이 나오는 '화이트 스모커(White smoker)' 들이 생기게 된다.

1977년 2월 17일, 미국 우즈홀해양연구소(WHOI)의 심해 유인잠수정 '앨빈(Alvin)'호가 갈라파고스제도 북서쪽 해역을 실제 탐사함으로써 열수구의 베일을 벗겼다. 이 탐사에서 지금까지 아무도 상상하지 못했던 형태의 관벌레(tube worm) 생명체가 열수 환경에 서식한다는 것이 알려졌다. 관벌레의 생존이 가능한 것은 열수에 포함된 황화수소를 에너지원으로 이용하는 미생물이 공생하고 있

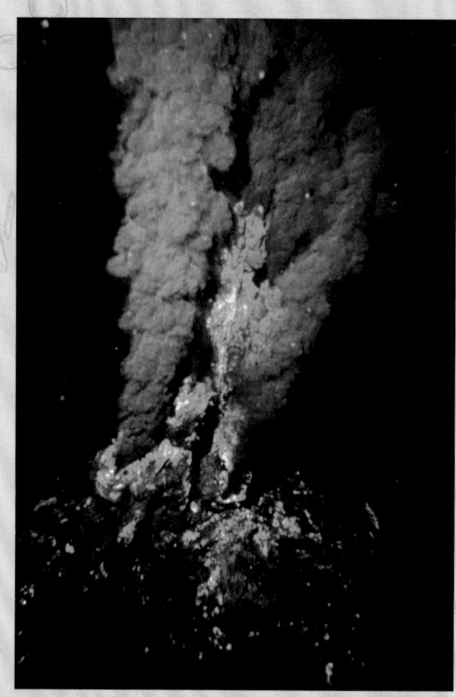

블랙 스모커⋯›
화이트 스모커⋮

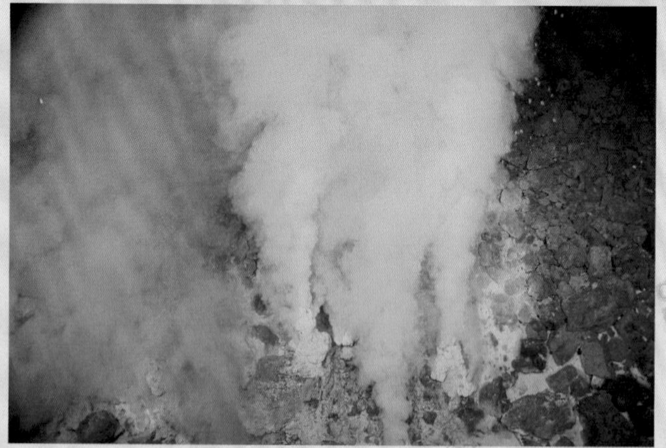

기 때문이다. 이 미생물이 화학합성 과정으로 영양분을 합성하여 관벌레에게 공급하고 있다는 사실이 밝혀진 것이다. 열수 환경에 서식하는 미생물은 계속해서 발견되고 있는데, 이들과 공생하며 에너지를 얻거나 먹이로 삼아 자신의 생명을 유지하며 살아가는 거대 생물로는 관벌레 외에도 게, 새우, 홍합, 조개 등이 있다.

열수구에는 동물의 사체나 배설물을 분해하여 무기물로 만드는 분해자도 존재하여 다양한 생물 군집을 이루고 있다. 태양에 의존적인 광합성 생태계와는 달리, 열수에 포함된 다양한 환원 무기물질을 이용하여 에너지를 얻는 화학합성 생태계가 존재하는 것이다. 이는 인류가 찾아낸 21세기의 위대한 발견 중 하나로 꼽히고 있다.

열수구는 지구의 지각 구조에 따라 다양한 깊이에 존재하며, 최근까지 알려진 것만 해도 550여 개에 이른다. 각국의 과학자들은 해양탐사를 통해 이미 발견된 열수구 외에 새로운 열수구를 찾으려 노력 중이고, 열수 광상(hydrothermal deposit)과 열수 환경에 서식하는 생명체 조사 등 새로운 차원의 연구 활동에도 박차를 가하고 있다.

심해
고온성 미생물

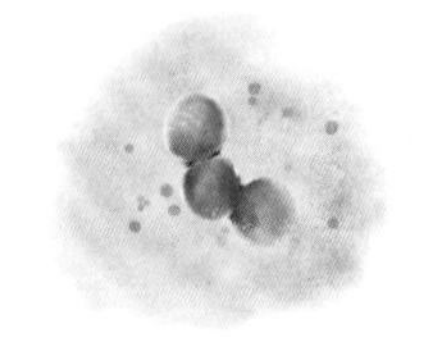

심해 열수구의 온도는 쉽게 상상할 수 있는 온도가 아니다. 열수구에서 뿜어져 나오는 열수는 대기압 조건에서 물이 끓는 온도인 100도를 넘어 400도에 이른다. 이 물이 심해 냉수와 섞여 60~100도 정도의 온도가 되면 이 지점에 고온성(thermophilic) 또는 초고온성(hyperthermophilic) 미생물이 서식할 수 있게 된다.

앞에서 미생물을 사멸시키는 온도인 121도에서도 생존하는 미생물을 소개했는데, 열수구 환경에서 발견된 미생물들로 다시 한번 고온성 미생물의 생존 범위가 우리의 상상을 뛰어넘는다는 것을 깨달을 수 있다.

고온성 미생물은 어떻게 이렇게 뜨거운 온도에서도 살아갈 수 있을까? 고온성 미생물은 아주 높은 온도에서도 안정한 단백질과 효소를 가지고 있고, 세포막의 포화지방산 함량이 높거나 특별한 지질로 구성되어 열에 대한 내성을 가지고 있다는 것이 밝혀졌다. 곧 고농도의 칼륨이온과 폴리아민(polyamines)이 DNA를 안정하게 유지하는 역할을 하며, 또한 세포를 열로부터 보호하는 기능을 가진 화학적 물질들이 세포 내에 많이 들어 있다.

오래전부터 인류는 지구에 어떻게 생명체가 존재하게 되었는가 하는 생명의 기원에 대한 궁금증을 갖고 있었다. 수십억 년 전에 일어났다고 추정되는 이 획기적인 사건을 둘러싸고 긴 세월 동안 무수한 논의가 있었고,

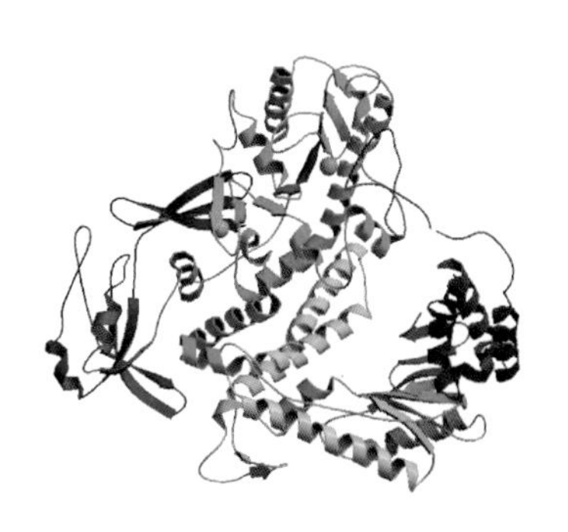

초고온성 미생물 유래의 DNA 중합효소(DNA Polymerase)

과학적인 해답을 찾기 위한 연구가 지금까지도 진행 중에 있다.

그런데 열수구 환경과 열수구에 서식하는 미생물이 지구 생명 탄생의 비밀을 풀어줄 열쇠라고 생각하는 과학자 그룹이 있다. 이들은 이론생물학, 지질생화학, 극한미생물학, 우주생물학 등의 분야에서 심해 열구수에 사는 미생물이 어떻게 생겨나서 성장하는지를 밝히는 연구에 전념하고 있다.

심해 열수구 탐사 기술

심해 열수구 탐사와 생명체 연구는 선진 과학기술 역량이 필요한 분야이다. 그래서 지금까지는 심해 탐사와 생명체 연구가 주로 미국, 일본, 프랑스, 러시아, 중국 등 해양 선진국을 중심으로 이루어졌다. 우수한 과학기술은 심해 탐사와 연구의 토대가 된다.

영화 〈아바타〉와 〈타이타닉〉을 제작한 제임스 카메론(James Cameron, 1954~현재) 감독이 직접 1인용 심해 탐사 장비인 딥시챌린저(Deepsea Challenger)호를 타고 지구상에서 가장 깊은 마리아나 해구를 탐사한 바 있다. 카메론 감독이 심해 1만 994미터까지 탐사한 챌린저호의 동력원은 리튬이온전지(lithium-ion battery)인데, 우리나라 코캄(KOKAM)의 기술이 요소기술(사용자나 문화의 능력을 변화시키고 발현할 수 있는 발명이나 혁신)로 포함되어 있다.

심해 열수구의 생명체를 연구하려면 높은 기술력과 여러 가지의 시설, 장비가 필요하다. 심해 열수구가 있는 대양까지 갈 수 있는 해양 연구선, 심해 생명체를 손상 없이 확보할 첨단 해양탐사 장비, 경험 많은 숙련된 연구자들의 역량 등이 요구된다. 이러한 연구 역량은 기본적으로 심해 열수구 자체에 대한 지식과 바다에 대한 방대한 지식으로부터 나온다. 한 분야만 잘 아는 것이 아니라 바다 전반에 걸쳐 넓고 깊은 이해와 총체적 시각이 필요한 것이다.

심해가 아닌 비교적 얕은 표층의 바다에도 지역에 따라서 조류의 흐름이 항상 존재하고 그로 인하여 요동(搖動)이 뒤따르기도 하는데, 심해는 환경이 그보다 더 복잡하다. 우선 압력이 엄청난 데다 칠흑같이 어두운 심해로 내려가 열수구에 접근하는 것 자체가 쉽지 않다. 열수구가 있는 심해의 특정 위치에서 원하는 샘플을 온전히 채취하려면 연구자가 탑승한 해양 연구선의 위치를 일정한

곳에 계속 유지시킬 기술(DP, Direct Positioning Skill)이 있어야 하고, 그곳에서 샘플을 확보할 수 있는 기술력도 필요하다.

샘플을 정확하게 채집하는 무인잠수정(ROV, Remotely Operated Vehicle), 채취된 샘플을 수중에서 보관할 샘플러 등 다양한 심해용 첨단 장비들도 있어야 한다. 물론 이러한 첨단 장비를 자유자재로 다룰 줄 아는 연구자를 비롯해 승조원들의 기술적 지식과 운용 경험 등도 반드시 필

↑ 무인잠수정 해미래
←염분 · 수온 · 수심 측정기(CTD)

요하다.

특히 장비와 연구 노하우가 필요한 부분은 열수구에서 가져온 샘플에서 미생물을 분리하는 기술이다. 샘플에는 미생물 외에도 여러 가지 물질들이 섞여 있어서 미생물을 분리해내는 데는 고난이도의 첨단 기술이 요구된다.

열수구 미생물들이 살던 깊은 바닷속은 고온과 고압의 환경이다. 이러한 환경에 적응하며 살아온 미생물은 사람에게 익숙한 온도와 압력에 적응하지 못하고 죽을 수도 있다. 따라서 확보된 샘플에서 심해 미생물을 분리하기 위해서는 추가적인 미생물 배양 장비와 연구 노하우가 필요하다. 심해 열수구의 미생물이 극한 환경에 사는 것 이상으로 기술력과 지식 또한 극대화되어 있어야만 한다.

한국의 심해 열수구 미생물 연구

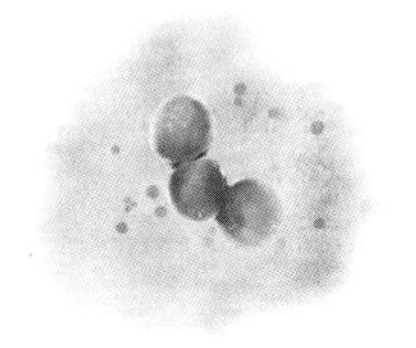

이렇듯 고가의 장비와 높은 기술력, 실행의 어려움 탓에 심해 미생물을 확보할 수 있는 나라는 몇몇 선진국뿐으로 여겨졌다. 하지만 우리나라 연구 팀은 순수 국내 기술로 심해 열수구 미생물을 확보하는 데 도전하였다.

2002년, 한국해양과학기술원(전 한국해양연구원)은 연구선 온누리호를 타고 태평양 심해저 광물자원 탐사에 나섰다. 당시 바다 깊은 곳에 있는 자원에 대해 전 세계적인 관심이 쏠려 있었는데, 우리나라도 남태평양의 심해 자원량을 조사하기 위해 탐사선을 보낸 것이다. 탐사 팀은 파푸아뉴기니 근처에서 탐사 총책임자와 생물 탐사

온누리호

이사부호

책임자 간의 협력하에 시험적으로 심해 열수구에서 샘플 채취와 미생물 분리 작업을 시도하였다. 열수 생물 탐사는 국내에서는 생소한 연구였으나, 자원 탐사 일정을 지연시키면서까지 시간을 따로 할애했던 것이다.

심해 열수구의 위치는 파푸아뉴기니 인근 수심 1600미터 이하 지역으로 다른 나라 연구를 통해 널리 알려진 지역이었다. 하지만 깊은 바다에 있는 열수구를 찾아내고, 열수구 샘플을 정확히 확보하는 것은 해양탐사선 온누리호를 이용하여 수 년간의 탐사 경험을 축적한 연구팀에도 쉽지 않은 일이었다. 그럼에도 불구하고 연구 팀은 두 차례의 시도 끝에 환경 시료를 채집하는 데 성공하였다. ROV 같은 열수 샘플 확보 장비 없이 그동안의 해양탐사 노하우를 총동원하여 열수구 샘플 확보에 성공할 수 있었던 것은 전적으로 심해 자원 탐사 총책임을 맡았던 연구자의 열정과 도전 덕분이었다.

물론 샘플 확보로 모든 게 끝난 것은 아니었다. 열수구 샘플을 확보한 이후에 가장 중요한 것은 샘플 처리의 시급성이었다. 말 그대로 시간을 다투는 작업으로, 자칫 그 처리가 늦어지면 열수구 환경에서 자라는 생명체는 사멸

미생물을 순수 분리하는 배양 병

미생물 배양 접시를 담은
혐기성 배양 용기

되고 소실될 수밖에 없다. 이를 막기 위하여 연구자들은 연구선에서 직접 미생물 분리 작업을 해야 한다.

샘플이 심해에서 연구선으로 올라오자마자 연구자들은 곧바로 예비 처리와 배양을 시도했다. 이를 위해 미리 준비해둔 300여 개의 배양 병에 열수구 시료를 접종했다. 그리고 미생물의 성장이 확인될 때까지 초조하게 기다려야만 했다. 마침내 접종된 300여 개 중 2개에서 미생물이 자라는 것이 확인되었다.

어떤 사람들은 고작 2개가 성공이냐고 의문을 가질 수도 있다. 하지만 거의 불가능하다고 여겼던 심해 열수구 생물 탐사와 열수구 지역에서 미생물의 분리는 큰 도전이었다. 그렇기에 첫 항해 시험 탐사에서 성공했다는 것

열수구 유래의 미생물 배양

은 거의 기적으로 높이 평가할 만한 성과이며 우리나라 해양 연구사에 남을 만한 쾌거이다.

최근 한국해양과학기술원(KIOST)과 부설 연구기관인 선박해양플랜트연구소(KRISO), 극지연구소(KOPRI)에서 열수구 탐사와 열수구 생명체 연구를 본격적으로 진행하고 있다. 특히 2016년 한국해양과학기술원이 5900톤급 대형 연구선 이사부호를 이용하면서 심해 미생물 탐사와 연구가 어렵지 않게 되었다.

4장

심해 미생물 NA1의 연구

심해 열수구 미생물의 분리

칼 우즈 박사

미국의 미생물학자인 칼 우즈(Carl Woese, 1928~2012) 박사가 1977년 처음 시도한, 분자 마커(molecular marker)를 이용한 계통 분류에 따르면 모든 생물은 세균(Bacteria), 고균(Archaea), 진핵생물(Eucarya)로 나뉜다.

고균은 세균처럼 크기가 작고 핵이 없어서 겉모양은 세균과 유사하여 구별하기 어렵지만, 생명현상을 유지하

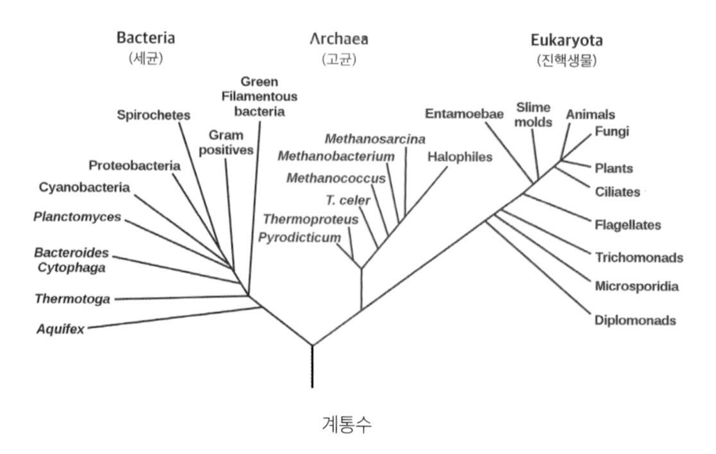

계통수

기 위한 DNA 복제, RNA 전사, 단백질 합성 등의 분자 기작(생물의 생리적인 작용을 일으키는 기본 원리)이 세균보다 진핵생물과 연관성이 높아서 세균과 차별된다. 일부 과학자들은 고균을 진핵생물의 기원으로 주장하기도 한다.

심해 열수구 시료를 접종한 300여 개의 배양 용기 중에서 미생물이 자란 2개의 병을 확보한 연구자들은 이를 순수 분리한 후, 계통 분류를 통해 어떤 종류의 미생물인지 확인하고자 하였다. 2개의 배양 용기에서 자란 미생물은 섭씨 80~90도에서 최상으로 성장하는 서모코커스(*Thermococcus*) 속(屬, genus) 고균과 90~100도에서 최상으로 성장하는 파이로코커스(*Pyrococcus*) 속 고균으로 각각 확인되었다. 이 종들은 선진국 연구 그룹이 열수 환경에서 비교적 높은 빈도로 분리하여 보고한 미생물들이다. 드디어 우리나라도 열수 환경에 서식하는 미생물을 확보한 것이다. 분리된 미생물들은 '새로운 고균(Novel Archaea)'이라는 의미로 서모코커스 속 균주명 NA1(*Thermcoccus* sp. NA1)과 파이로코커스 속 균주명 NA2(*Pyrococcus* sp. NA2)로 각각 이름이 붙었다.

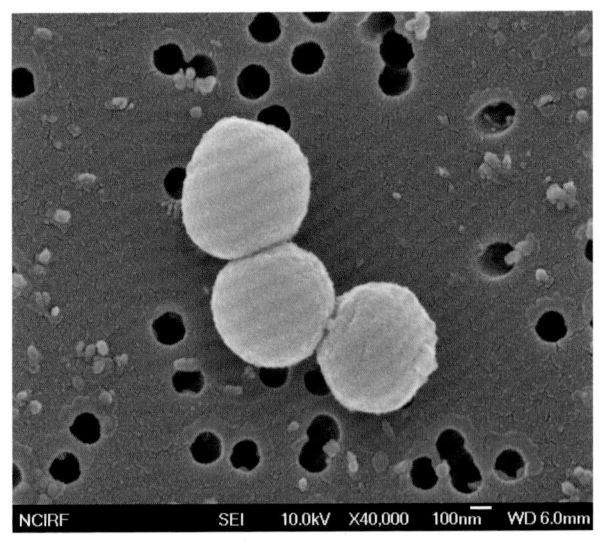

고균 NA1의 전자현미경 사진

NA1 미생물은 그 후 추가적인 DNA 염기서열분석으로 기존에 알려진 서모코커스 속의 다른 종들과는 계통학적으로 차이가 있음이 밝혀져서 신규 종으로 분류되었다. 이에 해양 연구선 온누리호를 이용한 심해 탐사에서 새로운 미생물을 성공적으로 확보한 것을 기념하여 서모코커스 온누리누스(*Thermococcus onnurineus*) NA1으로 명명하였다.

2002년 온누리호 탐사를 통해 태평양 파푸아뉴기니 인근 1650미터 깊이의 심해 열수구에서 국내 최초로 고균 서모코커스 온누리누스 NA1을 분리하고 배양에 성공한 것은 대한민국 해양과학기술의 결집과 참여 연구원들의 노력이 더해진 결실이라고 할 수 있다. 한마디로 국내 심해 미생물학 분야에서는 획기적인 성과였다.

NA1의 유전체 분석

분리된 서모코커스 온누리누스 NA1은 심해 열수구의 대표적 미생물로 알려져 있는 서모코커스 속에 속하는 미생물이다. NA1 미생물이 어떻게 고온의 환경에 적응하였는지를 이해하는 것은 그 자체로 중요한 연구 주제였다.

미생물의 특성을 이해하기 위한 전통적인 연구 방식은 물리적, 화학적으로 다른 조건에서 미생물을 배양하면서 성장하는 양상, 대사산물의 생산 양상 등을 조사하는 것이었다. 그러나 이러한 방식은 주어진 조건에 대한 반응은 조사할 수 있지만 미생물의 감춰진 비밀을 찾아내기 힘들다는 한계가 있다. 이에 우리는 미생물이 가진 유전체 정보를 파악하여 생명현상을 이해하고자 하였다.

유전체란 한 생명체가 가진 완전한 유전 정보의 총합이다. 유전체 분석으로 DNA 전체의 염기서열을 알아냄으로써 어떤 유전자(gene)가 포함되어 있고 어떻게 배열되어 있는지 구조적인 특징을 파악할 수 있다. 유전자의 유전 정보가 단백질의 구성 아미노산의 종류와 서열을 결정하므로 생명체의 대사(metabolism)까지 이해할 수 있는 것이다. 1977년 세계 최초로 ϕX174 바이러스의 유

생물명	연도	유전자 수	유전체 크기 (염기쌍)	비고
φX174 바이러스	1977	11	5368	바이러스 최초
헤모필루스 인플루엔자 (*H.influenzae*)	1995	1610	1.83백만	세균 최초
효모(Yeast)	1996	6022	11.9백만	진핵생물 최초
대장균(*E.coli*)	1997	4242	4.6백만	모델 세균
예쁜꼬마선충 (*C.elegans*)	1998	2만 8469	102백만	모델 선충
초파리(Fruit fly)	2000	2만 4073	138백만	모델 곤충
인간(Human)	2001	11만 3245	2940백만	
NA1(*T.onnurineus*)	2008	1978	1.85백만	

유전체 비교
(출처: https://www.ncbi.nlm.nih.gov/genome/)

전체 염기서열이 해독된 이후로 1995년에 헤모필루스 인플루엔자(*Haemophilus influenzae*), 1996년에 효모(yeast, *Saccharomyces cerevisiae*), 1997년에 대장균(*Escherichia coli*), 1998년에 예쁜꼬마선충(*Caenorhabditis elegans*), 2000년 초파리(fruit fly, *Drosophila melanogaster*) 등 다양한 생물체의 유전체가 해독되었다.

NA1의 유전체 연구는 2004년에 시작되었는데, 지금은 차세대 염기서열분석(NGS, Next Generation Sequencing) 기술이 있지만 그때는 주로 '생어 염기서열분석(Sanger Sequencing)' 방식을 자동화한 연구 장비를 활용하던 시대였다. 2003년에 미국 국립보건원(NIH, National Institute of health)의 연구 컨소시엄과 민간 생명공학 기업인 미국 셀레라 지노믹스(Celera Genomics)가 인간 유전체를 분석할 때도 이 방식을 사용하였으나 시간과 비용이 많이 든다는 점이 문제였다. 그래서 세계적 선도 그룹들만이 제한된 몇몇 미생물들을 대상으로 유전체 분석을 시도할 수 있었다.

우리나라는 연구에 투입되는 시간, 연구비 외에도 첨단 연구 장비, 전문가, 연구 노하우 등 많은 것이 부족하

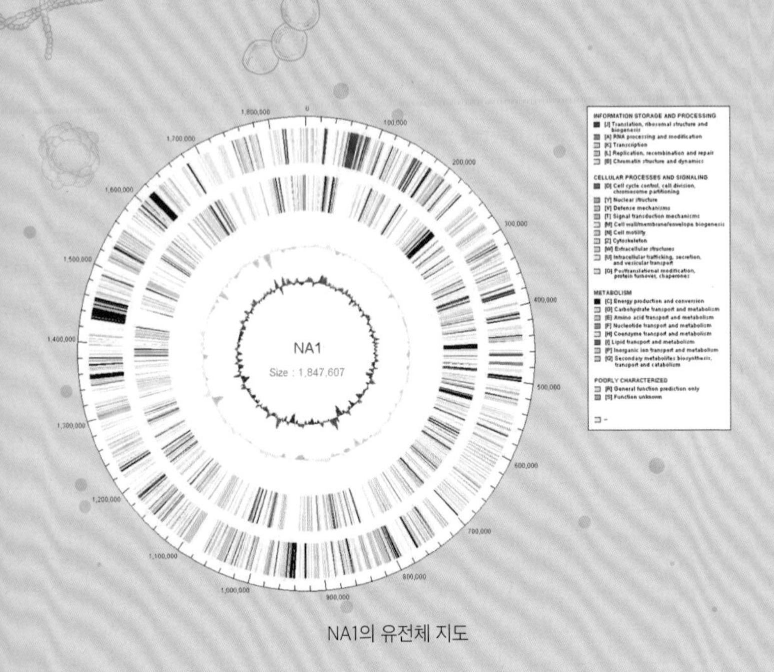

NA1의 유전체 지도

**GAGGTTCCGCCCGAGATCTGGGATGCGAGCATCGAGCTGATGAAGTACGGGATGAGC
TTGGCCAAGGAAGCCGACTGCGCGGTCCAGCTCCACACGGAGAGCTTCGACGAGGCC
AAGTTCCGCGAGCTGGGCGAGATAGTTGAGGAGGTCGGAATAAAGCCGTACAGGGTC
GTCAAGCACTTCTCGCCGCCGCTGGTGAAGGTTGCCGAAGAAGTCGGTGTCTTCCCG
AGCATAATCGCGAGCAAGAAGAACATTGCCGAGGCCATCAAGCAGGGCAACCGCTTC
ATGATGGAGACGGACTACATAGACGACAAACGCCGTCCCGGAGCCGTTTTAGGGCCG
AAGACAGTGCCGAGGAGGACAAAGGCCTTCCTCCAGAACGGCCTGTTCACGGAGGAG
GACGTTTACAAGATTCATGTAGAAAATCCAGAGAAGGTTTACGGGATGGAGATGGAG
GAGTAATTATTCTCCTCATGGCTCAATAAAAAATCGCGGGATTATTTCAAGTTCATC
TATATTTTCCCAAAATATTGGAATGAACGTATTCCCAGTTTTTAAGGTCAGCACCTG
AGAACTAACTATATCGTGCAAATATCCCTTGTGTAGTCCATTCTTAGTAGATATTAT
TACAAAAGGTAGCTTGTTCTGATATGACCTTTGAATACTATGCTTATATCTTATGTA
CAGTTCGGATTTTATGAGCCTCCAAATAAGATAACTCATGACAACAATCATTCCGTA
ATATCCAAGAAGAATCTTCATCAGTTCCGGTGCGGTTATATCCTTTTTAAGAAGAAC
TAAGATTAACAAAGATAATTCAAACATACTAACAAAATACACCCAAAACAACC**..........

NA1의 염기서열 일부

였기 때문에 NA1의 유전체를 연구하는 일은 결코 쉽지 않은 도전이었다. 하지만 약 2년의 연구 기간과 수억 원의 연구비 그리고 오랜 수고 끝에 NA1의 유전체를 해독하는 데 성공하여, 전체 염기서열이 밝혀지고 NA1의 유전체 지도가 완성되었다. 인간 유전체가 무려 29억 쌍의 염기와 수만여 개의 유전자를 가진 것에 비하여, NA1은 1백 8만여 쌍의 염기와 1978개의 유전자를 가져 아주 작은 유전체를 보유하고 있는 것이 밝혀졌다. 그러나 이 미미한 NA1의 유전체 속에는 세계를 놀라게 할 유전 정보가 담겨 있었다.

NA1의 단백질 연구

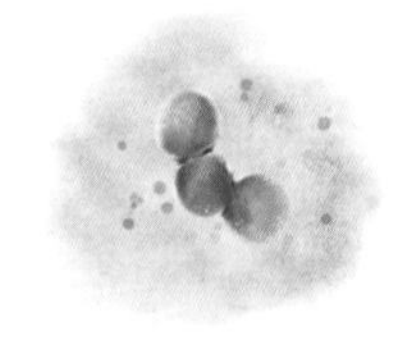

NA1은 섭씨 60~90도에서 성장이 가능하고 83도에서 가장 최적으로 살아가는 초고온성 미생물인 것으로 밝혀졌다. 이로써 NA1이 고온의 환경에 적응할 수 있는 기작과 아직 밝혀지지 않은 생명현상을 규명하는 연구에 관심을 가지기 시작했고, 특히 열에 강해 산업적으로 유용한 호열성 효소를 개발하는 연구에도 힘을 기울이게 되었다.

외국에서는 이미 수십 년 전부터 고온성 미생물이 지닌 호열성 효소를 활용하여 인간에게 유익한 기술을 개발하는 연구가 진행되면서 특허와 논문 발표가 이어지고 있었다. 우리는 우리의 자원과 기술을 바탕으로 이미 산업화가 된 효소들과 향후 활용성이 높은 효소들을 국산화하는 것을 연구의 목표로 정하고 본격적인 NA1 연구를 시작하였다. 당시에는 미생물을 배양하여 효소 활성을 검출한 후, 해당하는 효소를 분리하는 것이 전통적인 효소 연구 방식이었다. 하지만 NA1은 유전체 정보를 바탕으로 NA1이 함유하고 있는 효소가 효과적으로 발굴될 수 있었다. 대표적인 연구가 DNA 중합 효소(DNA polymerase) 개발인데, 유전자를 증폭하는 데 없어서는 안 되는 주요 효소이다.

미국의 유명한 범죄 수사 드라마 'CSI: 과학수사대(CSI: Crime Scene Investigation)'를 보면 '유전자 감식'이라는 수사 방식이 자주 등장한다. 이는 'DNA 프로파일링(DNA profiling)', 'DNA 타이핑(DNA typing)' 또는 'DNA 지문(DNA fingerprinting)'이라고도 불리는데, 범행 현장에서 발견된 혈흔, 머리카락 등 DNA 시료로부터 범죄자의 신원을 확인할 수 있게 해준다. 이때 DNA를 증폭시켜주는 효소가 바로 DNA 중합 효소이다.

DNA 중합 효소는 열안정성과 고온 활성이 필요해서

본래부터 고온성 미생물로부터 분리한 효소를 대상으로 개발되었다. 우리도 NA1에서 호열성 DNA 중합 효소를 분리하고 정제하여 활성을 조사하였고, 이로부터 활성이 우수한 다양한 돌연변이 효소를 만들어 (주)바이오니아, (주)씨젠, (주)제넷바이오 등 국내 생명공학 전문 기업들에 기술이전을 함으로써 실용화에 성공하였다.

이 밖에도 식품이나 소재 등에 사용되는 포스파타아제(phosphatase), 파이로포스파타아제(pyrophosphatase), 데할로게나아제(dehalogenase), 디유티피아제(dUTPase), 디아이티피아제(dITPase), 아밀라아제(amylase), 수소화 효소(hydrogenase), 단백질 분해 효소(protease), 펩티다아제(peptidase) 등 NA1이 가진 효소들의 특징과 활성 연관성을 규명하여 우수 효소의 개발 연구를 수행하고 특허를 출원하였다.

단백질의 분자 입체구조 연구는 효소의 작용 기작을 이해하거나 밝혀지지 않은 기능을 유추하는 데 도움이 된다. 이를 위하여 X선 결정학(X-ray crystallography)에 기반한 단백질 결정 회절 분석법을 이용하는데, 고온성 미생물에서 유래한 단백질의 열안정성은 단백질의 결정 형

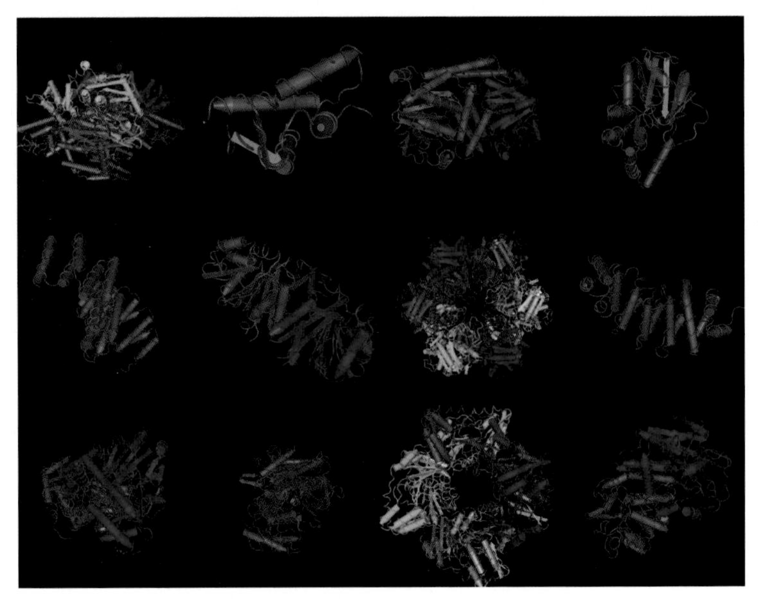

다양한 NA1 유래 단백질의 삼차원 구조

성에도 영향을 줄 수 있을 것으로 예측되어 많은 호열성 단백질의 구조가 규명되었다.

미국 하버드대학의 골드버그(Alfred Goldberg) 박사에 의해 처음 밝혀진 'Lon' 효소는 전 세계에서 여러 연구 팀들이 단백질 구조를 얻고자 오랫동안 연구해왔지만 전체 구조를 파악하는 데 난항을 겪고 있었다. 우리 연구 팀은 NA1에 있는 상동단백질을 대상으로 구조 연구를 시도하여 6개의 단위체로 구성된 전체 구조를 결정하는 데 성공하였다. 그 외에 NA1 유전체에서 유래된 여러 가지 단백질의 삼차원 구조가 국내 연구 팀들에 의해 결정되었다.

5장

인식의 틀을 바꾼 연구

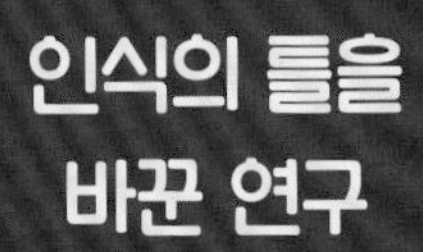

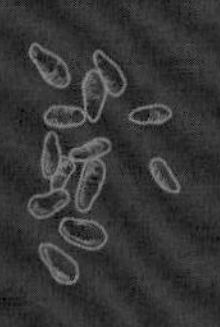

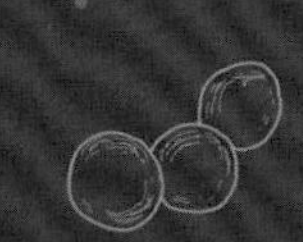

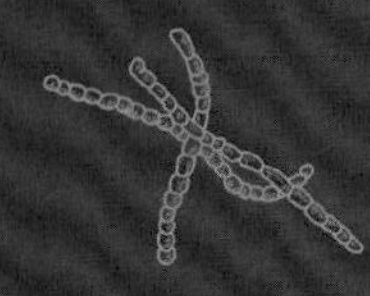

NA1의 유전체 정보 분석

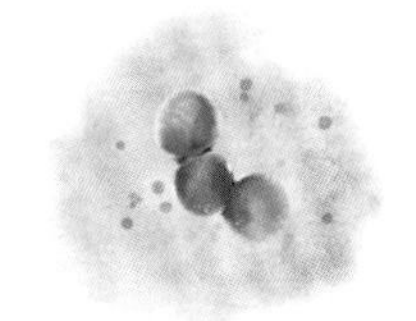

NA1 유전체 염기서열분석이 완료되었지만, 유전자 코드에 담긴 암호를 해석하기 위해서는 생물 정보 분석기술이 필요했다. 당시 유전체 염기서열분석을 담당한 기업인 (주)마크로젠과 생물 정보 전문 벤처기업이었던 (주)엔솔바이오사이언스(구. 엔솔테크) 생물 정보 팀의 도움이 없었다면 NA1의 유전체에 대한 심층 분석이 어려웠을 것이다. 이처럼 생명공학 연구를 위해서는 다양한 분야의 최첨단 기술과 함께 관련 전문가들의 협력이 필수적이다.

우리 연구 팀은 '생명현상의 설계도'인 유전체 정보를

분석해봄으로써 NA1 미생물의 대사를 총체적으로 이해하고 다른 미생물들과의 차별점을 발견할 수 있었다. NA1은 단백질을 분해하여 에너지원과 탄소원으로 이용할 때 전자수용체로 황(sulfur)을 필요로 하는 특징을 가지고 있는데, 이와 관련된 유전자들을 유전체 정보에서 확인할 수 있었다.

연구 팀이 NA1 유전체 분석을 시작할 당시만 해도 서모코커스(*Thermococcus*) 속의 미생물 유전체가 보고된 바 없었으며, 2005년에 서모코커스 코다카렌시스(*Thermococcus kodakarensis*) 유전체 분석이 발표되었다. 같은 종은 아니지만 가장 비슷한 미생물의 유전체 정보가 밝혀진 것이다. 이 미생물을 유전체 수준에서 NA1과 비교했을 때 여전히 상동성(相同性)이 낮고 기능이 밝혀지지 않은 유전자들이 존재하였다.

새로운 유전자들을 가지고 있다는 것은 한편으로는 연구할 가치가 높다는 뜻이기는 하나, 다른 한편으로는 참고할 정보가 없으므로 연구 팀 스스로가 해답을 찾지 않으면 안 된다는 것을 뜻하기도 한다. 새로운 것을 발견하는 즐거움은 크지만 동시에 많은 시행착오와 노력이 필요하다는 의미이다. NA1이 바로 그러한 미생물이었는데, 새로운 유전자들은 NA1에 독특한 형질을 부여하는 근원적인 이유이기에 그 기능을 규명하여 NA1을 더욱 잘 이해할 수 있게 된다.

연구에서 밝혀진 NA1만의 독특한 특징 중에 눈에 띄는 것은 다양한 수소화 효소(hydrogenase)의 존재였다. 수소화 효소는 수소 분자(H_2)의 산화와 환원을 촉매하는 효소여서 미생물이 수소를 생산하거나 소모하는 기능과 연관되어 있다. NA1에서는 7개의 수소화 효소(Frh, Sulf-I, Sulf-II, Mbh, Mch, Mfh1, Mfh2)를 비롯해 수소화 효소와 염기서열상 상동성을 가진 황산화 전이 효소(Mbx) 하나가 발견되었다.

이 효소들을 코딩하는 유전자들은 기능적으로 연관된 유전자들과 유전체상에 밀접하게 모여 있는데, 이를 유전자 클러스터(gene cluster)라고 한다. 유전자 개수는 약 100여 개로 전체의 5퍼센트 정도에 해당한다. 당시 분석에 따르면 대부분의 미생물에 수소화 효소가 많지 않고 6개가 가장 많은 수치로 보고되었다. 따라서 NA1이 가진 수소화 효소의 개수는 2008년 당시 알려진 미생물 중에

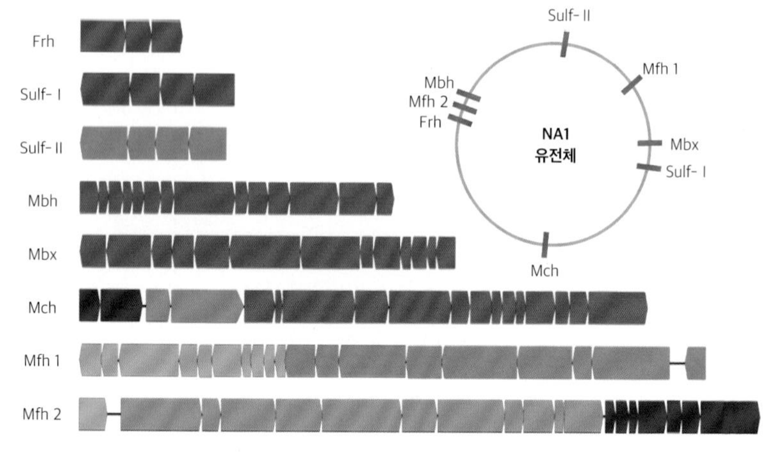

NA1 유전체의 수소화 효소 유전자군

최고 수준이었다.

우리 연구 팀은 한 가지 의문점을 갖게 되었다. NA1은 왜 이렇게 많은 수소화 효소를 가지고 있을까? 처음에는 비슷한 역할을 하는 것이 중복된 것은 아닐까 생각해보기도 했지만, 각 효소를 구성하는 유전자들이 같지 않은 데다 주변 유전자군이 다른 점으로 미루어 볼 때 기능이 중복되는 것은 아닐 것이라 추정하였다.

여러 해에 걸친 연구를 통해 이 효소들이 서로 다른 역할을 한다는 것을 밝혀냈다. 곧 수소를 생산하는 데 필요한 전자를 일산화탄소(carbon monoxide, CO)나 개미산(formic acid, HCOOH)이 제공하는 경우, 또는 페레독신(ferredoxin, Fd)이나 니코틴아마이드 아데닌 다이뉴클레오타이드 인산(nicotinamide adenine dinucleotide phosphate, NADP)과 같은 전자 운반체(electron carrier)가 제공하는 경우 등에 따라 다른 효소가 작용한다.

NA1이 수소화 효소의 작용을 통해 어떻게 에너지를 얻는가를 연구하면서 미생물의 생존 방식이 얼마나 다양하고 신비로운지를 알게 되었다.

최소에너지 이론의 상식, 그 경계를 넘다

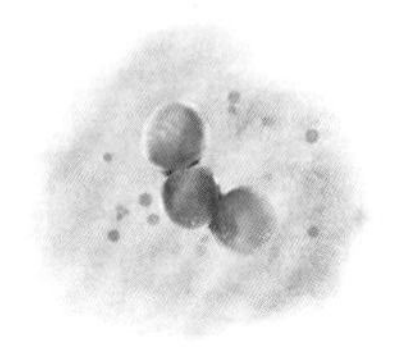

생물이 성장하기 위해서는 에너지원과 탄소원이 필요하다. 현재까지 여러 형태의 무기화합물과 유기화합물을 탄소원, 에너지원으로 이용하는 다양한 미생물들이 발견되었다. 개미산은 벌과 개미의 침 성분 중의 하나이며 쐐기풀의 잎과 줄기에도 포함되어 있는 것으로 알려져 있다. 미생물에 의해서 생산되는 경우도 있는데, 당(sugar) 분해 과정이나 이산화탄소 고정 경로 중에 생산되기도 한다. 이 개미산을 에너지원으로 이용하는 미생물이 있을까?

우리가 잘 알고 있는 대장균(*Escherichia coli*)은 대사산물

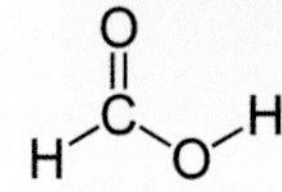

↑개미
←개미산의 구조

쐐기풀

로 개미산을 생산하는데 축적되면 산도(pH)가 낮아져 성장이 저해된다. 이때 대장균은 개미산을 산화하여 수소로 전환함으로써 산도를 높인다는 사실이 밝혀졌다. 그러나 이 과정에서 에너지를 얻는 것은 아니다. 왜 그런 것일까?

영국의 생화학자이며 노벨상 수상자인 미첼(Peter D. Mitchell, 1920~1992) 박사가 제시한 에너지 생성 기작의 대표적 이론인 '화학삼투압가설(chemiosmotic hypothesis)'에 따르면 세포 내에 존재하면서 에너지 대사에 매우 중요한 역할을 하는 ATP라는 유기화합물을 생성하기 위해서는 세포의 안과 밖의 수소이온(H^+) 농도가 서로 달라야 한다. 이 농도의 차를 만들기 위해서 이온을 세포 밖으로 수송해야 하는데, 이온 하나를 수송하는 데에 20kJ/mol

이상의 에너지가 필요하다고 알려져 있다. 그러나 개미산에서 수소를 생산하는 반응은 표준 상태(상온과 상압에서 반응물과 생성물의 농도가 각각 1몰인 조건)에서 최소에너지가 충분하지 않다.

이를 화학식으로 표현하면 $HCOO^- + H_2O \rightarrow HCO_3^- + H_2$, $\Delta G^\circ = +1.3kJ/mol$이다. 여기서 G는 자유에너지(free energy)를 뜻하며 반응계에서 일로 전환할 수 있는 열역학적 에너지의 양을 의미한다. ΔG°는 생성물과 반응물의 자유에너지의 차이인데, 이것이 양수 값이면 생성물의 에너지가 더 높아서 반응이 일어나기 어렵다는 뜻이다. 하지만 실제 조건은 표준 상태와 달리 생물 내의 반응물 농도는 높고 생성물 농도는 낮기 때문에 이 반응이 일어날 수는 있다. 하지만 대장균이 개미산을 산화하여 수소를 생산하는 과정에서 ATP는 생성되지 못하는 것으로 알려져 있다.

지금까지는 하나의 미생물로 개미산을 산화하여 수소를 생산하는 반응을 통해 ATP도 생성하는 일은 불가능한 것으로 생각되었다. 다만 수소를 계속 소모해주는 다른 미생물과 혼재하는 경우, 개미산 소모로부터 ATP를 생성하는 것은 보고된 바 있다.

한편, 우리는 NA1 미생물이 외부 도움 없이 혼자 성장이 가능하다는 것을 밝혀 지금까지 과학자들이 갖고 있던 상식을 깨는 세계 최초의 미생물 사례로 보고하였다. 먼저 NA1이 개미산을 에너지원으로 이용하여 성장하는 과정에서 실제 ΔG 값을 측정하였다. 섭씨 80도의 온도에서 성장이 일어나는 동안 ΔG 값이 -8에서 -20kJ/mol 사이에 해당하는 것으로 계산되었다. 여전히 미생물의 성장을 위한 최소에너지보다 낮은 수준이었다. 계산 착오가 아닌지, 실험상에 고려하지 않은 어떤 요인이 작용하는 것은 아닌지 의심했다. 지금까지 과학자들이 예측한 것과는 다른 현상 앞에서 'NA1 미생물은 이렇게 낮은 에너지로도 성장이 가능하다!'라고 쉽게 결론을 내릴 수 없었던 것이다.

우리는 좀 더 많은 사례가 필요하다고 판단하여 NA1과 비슷한 환경, 곧 심해 열수구나 온천 지역 등에 서식하는 미생물로 유사한 특징을 가지고 있을 것으로 예상되는 몇 종의 서모코커스(*Thermococcus*) 속(genus) 미생물들을 대상으로 동일한 실험을 수행하였다. 그 결과, 동일한 현상을 나타내는 미생물이 존재하는 것을 확인하였다.

이 연구 결과는 세계적인 과학학술지 〈Nature〉에 보고한 이후 '괄목할 만한 연구 결과'로 선정되었으며, '미니멀리즘을 실행하는 극한 미생물(Microbe carries minimalism to extremes)'이라는 제목으로 〈Nature news〉에 보도가 되었다.

NA1에서는 개미산의 산화 과정에서 어떤 일이 일어나는 것일까? 열역학적 설명과 더불어 NA1 단일 미생물로 개미산을 전환해 수소를 생산하면서 성장하는 기작을 분자 수준에서 제시하고자 유전학적, 적분자생물학적, 생리학적 방법으로 다양한 실험을 수행하였다.

NA1이 수송단백질을 이용해서 개미산을 세포 내로 수송하면, 세포 내에서 개미산이 개미산 산화효소(formate dehydrogenase)에 의해 산화되면서 전자를 생성한다. 생성된 전자는 수소화 효소로 전달되어 수소를 생산하고 더불어 수소이온(H^+)을 세포 밖으로 이송하여 수소이온농도의 차이가 형성된다. 이는 ATP 합성효소(ATP synthase)가 ATP를 합성할 수 있는 수소이온 구동력(proton-motive force, PMF)이 된다.

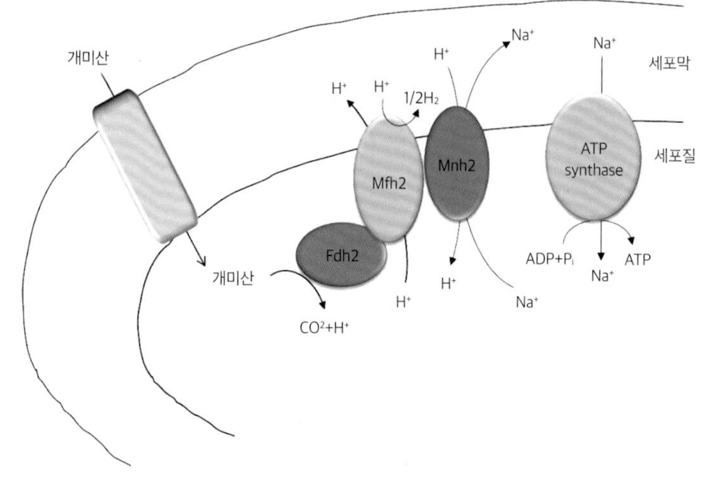

개미산을 이용한 수소 및 에너지 생산 모식도

그렇지만 NA1은 이 PMF를 곧바로 ATP 합성에 사용하지 않는다는 특징을 가지고 있다. 나트륨이온/수소이온 역수송체(Na+/H+ antiporter)에 의해 나트륨이온 구동력(sodium ion−motive force)으로 전환된 후 나트륨이온을 특이적으로 이용하는 ATP 합성효소에 의해 ATP가 합성된다. 이와 같은 기작은 개미산에서 수소로 전환되는 일련의 과정에서 수소화 효소가 수소이온농도의 차이를 만드는 기능을 함으로써 에너지 생산을 가능하게 하는 독특한 사례인 것으로 확인되었다.

연구 팀이 NA1을 연구하면서 얻은 것은 단순히 대상 미생물의 특징 규명과 이해에 국한되지 않는다. 과학자들은 대체로 새로운 가능성이나 현상에 마음이 열려 있는 편인데, 이러한 현상을 접하면서 기존의 과학적 규명의 틀을 벗고 인식의 범위를 더욱 넓히게 된다.

6장

해양 바이오수소 생산 기술 개발

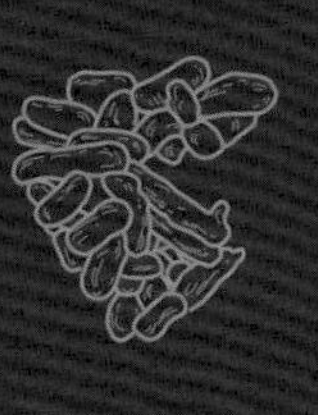

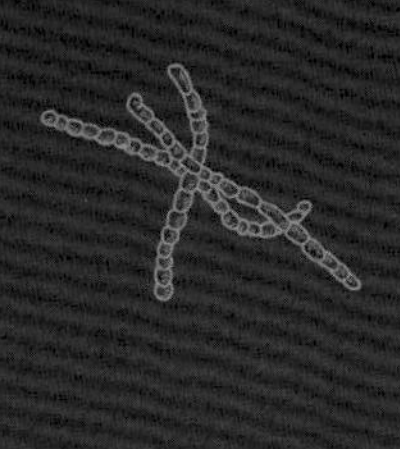

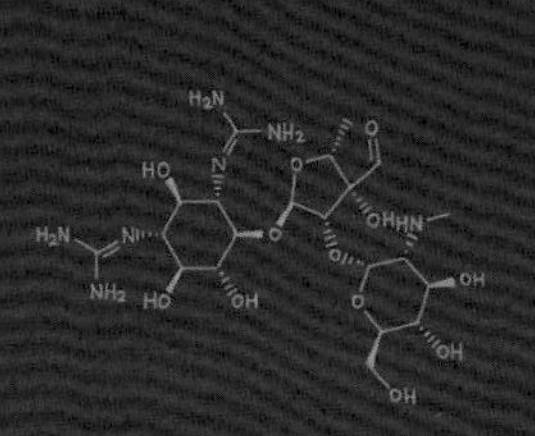

수소에너지
생산 연구

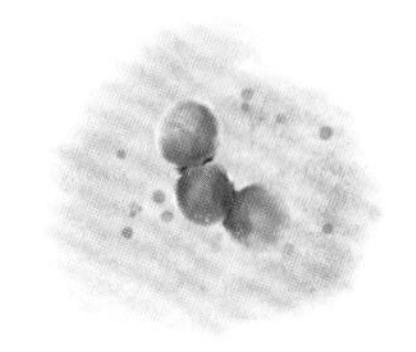

인류는 18세기 1차 산업혁명을 거쳐 지금과 같은 눈부신 기술 발전을 이루어냈다. 하지만 무한할 것만 같던 화석연료의 무분별한 사용은 고갈 위협 및 심각한 환경오염을 초래하였다. 이로 인한 에너지 위기와 기후변화에 대처하기 위해 지속적이고 친환경적인 에너지에 대한 관심이 증가하게 되었다. 이런 맥락에서 수소는 이상적인 차세대 대체에너지로 주목받고 있다.

수소는 수소 원자 2개로 이루어진 가장 가벼운 기체로서 에너지 밀도가 높아 에너지원으로서 가치가 매우 높다. 연료로 사용될 경우, 연소 시 오염물질을 거의 방출

하지 않고 연료전지를 이용하여 전기로 전환하는 것도 가능하며, 사용 후에는 다시 물로 재순환되는 환경 친화적 특성까지 갖추고 있어 미래에너지로 크게 각광 받고 있다. 최근 들어서는 수소연료전지 자동차가 우리나라와 일본 등의 국가에서 본격적으로 출시되면서 한층 더 수소에너지, 수소경제 사회에 대한 세계적 관심이 모아지고 있다.

수소는 우주를 구성하는 주요 원소 중 하나다. 하지만 지구상의 대기에는 고작 0.5ppm 이하로 존재하고 있어 이를 이용하기 위해 농축할 경우 그 비용으로 수소 가격이 상승하게 된다. 대신에 지구상의 다양한 무기화합물과 유기화합물에 포함된 수소 원자로부터 수소를 얻을 수 있다.

석탄, 석유와 같은 화석연료를 태울 때 수소가 포함된 가스가 발생하며, 천연가스를 수증기개질(steam reforming) 하거나 전기분해할 때 수소가 발생한다. 현재 전 세계적으로는 5000만 톤 정도의 수소가 생산되고, 국내에서도 190만 톤 정도가 생산되고 있다. 생산되는 대부분의 수소는 화학 촉매, 암모니아 생산, 탈황 등과 같은 산업공정에서 사용되고 있다.

수소를 에너지로 사용하기 위해서는 경제적 방법으로 대량생산이 가능해야 한다. 천연가스의 수증기개질 방법과 석탄가스화 방법은 대량생산이 가능하고 생산단가가 저렴하지만 이산화탄소를 발생하는 문제점이 있다.

태양력, 풍력, 수력, 지열 등 신재생에너지 자원을 활용한 전기분해 방법은 친환경적이지만, 수소를 생산하는 비용이 높아서 경제성을 개선하기 위한 연구 개발이 진행 중에 있다. 원자력을 이용한 수소 생산 기술 분야는 안전성 우려가 있음에도 이산화탄소를 발생하지 않는다는 장점으로 대량생산을 위한 기술 개발 연구가 진행 중이다.

또한 하나의 대안으로 제시된 수소 생산 방식으로 생물학적인 방식이 있다. 이를 바이오수소(biohydrogen)라고 하는데, 바이오수소를 생산하기 위해서는 미생물과 그 미생물을 배양하는 공정 시스템이 필요하다. 바이오수소를 생산하는 미생물로는 빛을 이용하는 광합성 세균, 조류, 남(조)세균 등 광합성 미생물들과 빛을 필요로 하지 않는 발효 미생물들이 있다. 하지만 현재까지 바이오수소를 생산하기 위해 연구된 수많은 미생물들은 생산성과 효율이 낮아 아직 산업화된 경우가 없다. 그래도 발효에 의한 수소 생산 방식은 생산공정 개발이 쉽고, 수소 생산 속도가 높다는 장점 때문에 미래의 에너지로서 전망이 있다고 평가된다.

바이오수소 생산의 원료물질 탐구

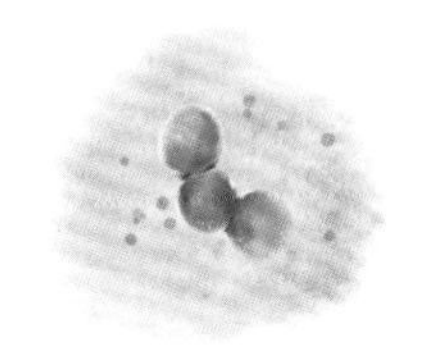

NA1이 산업적으로 활용할 만큼 바이오수소를 생산할 수 있을까? NA1도 발효 방식으로 수소를 생산하는데 단위세포당 수소 생산성이 다른 많은 미생물에 비해 높은 것으로 확인되었다.

NA1의 독특한 에너지 생성 기작과 수소 생성 기작은 기존 바이오수소 생산이 갖는 낮은 생산성, 낮은 효율의 문제점을 극복할 수 있는 토대가 된다. 게다가 NA1이 가진 여러 수소화 효소 덕분에 단백질성 유기물, 전분, 개미산, 일산화탄소 등 활용할 수 있는 원료물질이 다양한 것도 큰 장점이다.

그렇지만 섭씨 80도의 고온과 무산소 조건을 요구하는 미생물을 이용한 바이오수소 생산 연구는 국내에서 단 한 번도 시도되지 않은 분야여서 여러 기술적 어려움을 해결하지 않으면 안 되었다. 이를 위해 다양한 분야의 전문가들과의 협업과 연구자들의 남다른 헌신과 노력이 요구되었다.

상황이 쉽지 않지만, 오히려 그런 악조건 탓에 연구자들은 연구를 통해 첨단 기술을 개발하고자 하는 강한 의지를 가졌다. NA1 미생물을 유전학적, 대사공학적으로 개량하고, 높은 온도와 무산소 조건에서 안전하게 수소를 생산하는 공정을 개발함으로써 바이오수소를 대량생산하여 우리 사회가 직면한 에너지 부족 문제 해결에 활용하고자 하는 비전을 세웠다.

바이오수소를 경제적으로 생산하려면 값싼 원료물질을 지속적으로 확보하는 것이 무엇보다 중요하다. NA1이 이용 가능한 기질을 대상으로 하여 저가의 대체물을 탐색한 결과, 활용성이 낮은 유기성 폐기물이나 일산화탄소를 포함하는 산업체 부생 폐가스(제철 공정에서 발생하는 부생 가스와 석유정제 과정에서 발생하는 가스)를 활용할 수도

바이오수소 원료물질

공장 매연

감자 껍질

생선 폐기물

있는데, 이는 환경적 측면에서도 큰 의미가 있을 것으로 생각되었다.

연구 팀은 유기성 폐기물 중 하나인 감자 껍질의 전분을 이용하여 수소를 생산할 수 있는지 알아보고자 감자 껍질을 모아 건조하고 파쇄하는 정도의 단순한 전(前)처리 후, 고온에서 NA1과 반응시켰다. 예상한 대로 NA1은 감자 껍질을 분해하여 성장하며 수소를 생산하였다. 만약 이를 실제로 산업현장에 적용한다면, 막대한 양의 감자 껍질을 제공할 수 있는 포테이토칩 과자공장 등과의 연계가 필요할 것이다. 과자공장에서 포테이토칩과 청정 에너지를 동시에 만들어낸다면 어떨까? 이런 기술의 적용을 위한 실증연구는 충분히 시도할 가치가 있다고 생각한다.

한편, 일산화탄소를 함유하는 산업 부생 가스에는 메탄, 이산화탄소, 질소, 황 성분 등의 물질들도 포함되어 있어 NA1이 성장하거나 수소를 생산하는 데 장애가 될 소지가 있었다. 하지만 다행히도 오염 성분들을 제거하는 특별한 전처리 과정 없이도 수소를 생산할 수 있는 것으로 확인되었다. 이 밖에 생선 폐기물도 NA1의 기질로 이용될 수 있다는 것을 확인하였다. 이미 폐자원을 활용하여 에너지, 소재 등을 생산하는 방안이 많은데, 바이오수소 생산에 접목시킴으로써 활용 가치를 더 높일 수도 있다.

바이오수소 생산 미생물의 변신 일대기

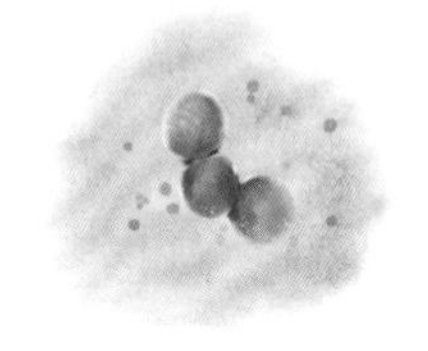

심해 열수구 환경에는 상당량의 일산화탄소가 포함되어 있다. 그런 환경에 적응한 NA1이 일산화탄소를 포함한 폐가스를 이용하여 수소를 생산하는 현상은 당연할 수 있지만, NA1이 서식하는 환경의 일산화탄소 농도보다도 제공하는 일산화탄소의 농도가 높은 경우 미생물 성장이 저해를 받는다. 이에 고농도의 일산화탄소에도 성장이 저해되지 않고, 수소 생산성이 높은 미생물이 필요하게 되었다. 연구 팀은 야생형(wild-type) NA1을 개량해보기로 했다.

연구원들은 유전공학 기법으로 다양한 돌연변이

(mutant)들을 만들어, 성장이 개선되고 수소 생산성이 높아지는지 관찰하였다. 그와 동시에 야생형 NA1을 일산화탄소가 포함된 혼합 가스에 장기간 적응시키는 적응진화(adaptive evolution)를 유도하였다. 일주일에 한 번씩 계대배양 하기를 일 년 이상 지속적으로 수행하여 산업 부생 가스에서 성장이 저해되지 않는 바이오수소 생산 균주 '156T'를 개발하였다. 미생물이 성장 저해를 극복하는 방향으로 적응력을 발휘하여 마침내 고농도의 일산화탄소 조건에서도 수소 생산할 수 있는 균주로 변신한 것이다. 이 실험은 박사과정 학생이 수행했는데, 미생물의 형질이 단번에 변하지 않음에도 불구하고 열정과 인내심으로 꾸준히 지속하여 얻어낸 결과였다.

이렇게 개발된 '156T' 균주의 유전체 염기서열을 분석하여 모균주인 NA1과 비교했을 때, 유전자 몇 개에 돌연변이(mutation)가 생긴 것을 알 수 있었다. 미생물이 인위적 환경에 적응하는 것은 놀랍다. 극히 일부 유전자의 돌연변이만으로도 산업 부생 가스 이용에 적합하도록 변신할 수 있으니 말이다. 변이된 유전자 중에는 DNA 전사 조절자(transcriptional regulator)로 추정되는 유전자,

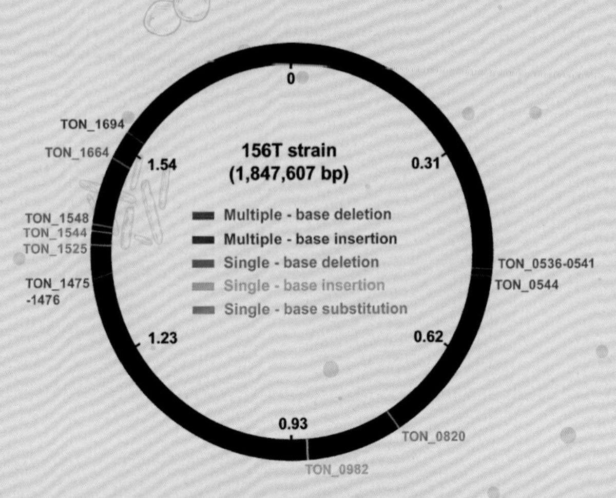

156T 균주의 돌연변이 종류 및 유전체 위치

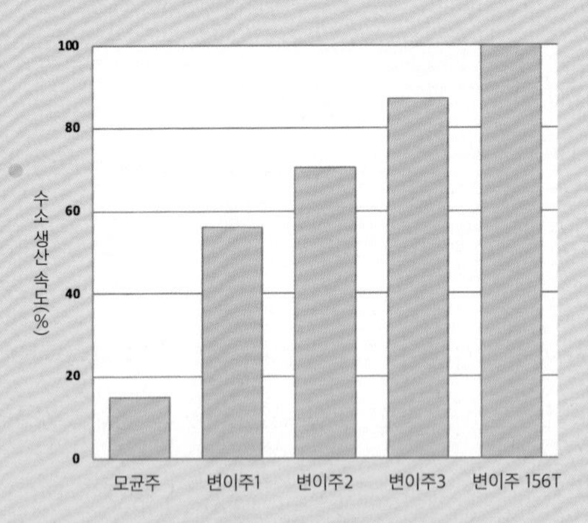

개량 균주들의 수소 생산 속도 비교

해양 바이오수소 실증 시설

3리터 배양기

30리터 배양기

300리터 배양기

TON_1525가 포함되어 있는데, 165번째 염기서열 단 하나가 바뀜으로써 수소 생산에 상당한 영향을 미친다는 것을 확인하였다. 기존 지식과 정보로는 수소 생산과 연관될 것으로 짐작하기 어려운 유전자이기 때문에 적응진화 방법을 통해 미생물에 숨겨진 대사조절 능력을 찾아낸 좋은 성공 사례라고 할 수 있다. 이렇듯 미생물의 연구는 예측을 넘어서는 신비의 탐험 과정이다.

이렇게 개발된 156T 균주를 가지고 작은 실험 용기부터 점차 용량을 키워 대량 배양기에까지 배양하며 수소 생산성을 검토한 결과, 수소 생산성이 세계 최고 수준인 것을 확인하였다.

산업현장에서
수소 생산을 실증하다

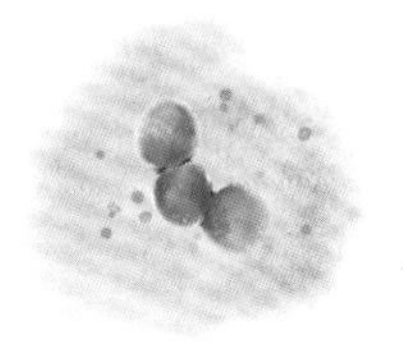

이제 연구자들은 실험실에서 개발된 기술이 실제 산업현장에서 얼마나 효과적으로 적용되는지 알아보고자 산업현장을 찾았다. 충남 당진에 있는 제철소에 1톤 반응기 규모의 파일럿 플랜트를 구축하고, 산업현장에서 제공되는 부생 가스를 이용하여 전 세계 최초로 바이오수소 연속 생산 실증을 시도하였다.

실험실 수준에서는 원천 기술의 성공 가능성을 충분히 확인하였지만, 산업 시설이 가득한 현장에서 실증하는 것은 예측할 수 없는 불확실성과 안전 등 여러 가지 위험 요소를 감수해야 하는 도전적인 과업이었다. 특히 유독

부생 가스를 이용한 바이오수소 생산 모식도

성을 지닌 일산화탄소와 폭발 위험이 있는 수소를 다뤄야 하는 공정 탓에 현장에서 발생할 수 있는 안전사고 문제는 최우선으로 고려해야 할 점이었다.

안전상의 주의점 이외에도 현장에서 공급되는 원료물질의 성분, 공급 상황, 실험실 환경과 다른 산업현장의 특수한 변수들에 대한 대응 기술 개발은 기술의 실용화를 위해 필수적으로 검토해야 할 중요한 일이었다.

2016년 바이오수소의 연속 생산 실증을 위해 찾은 산업현장의 바닷바람은 매서웠다. 추운 날씨에도 우리가 개발한 원천 기술의 실증을 위해 한국해양과학기술원, 한국에너지기술연구원, ㈜엔솔바이오사이언스, ㈜ CNS, 고등기술연구원 연구원들은 4조로 팀을 구성하여 2교대로 밤을 새우며 당진제철소의 협조하에 최선을 다했다. 그리고 그 모든 어려움에도 불구하고 마침내 연속 수소 생산 실증에 성공한 순간 연구 팀은 어려움을 극복한 뿌듯함, 도전에 성공한 기쁨, 실용화에 한걸음 다가가게 된 기대로 감격했다.

또 다른 도전:
실용화

당진제철소에서 이루어진 실증으로 심해 미생물을 이용한 바이오수소 생산 기술이 산업현장에 적용될 수 있다는 가능성을 확인한 것은 큰 소득이었다. 하지만 실용화를 위해서는 플랜트 규모나 생산성 측면의 추가 연구가 필요했다. 바이오수소 실용화를 위한 후속 단계는 원료물질 공급이 가능한 산업현장에 데모 플랜트를 설치하고 실증하는 연구였다. 시간당 수십만 리터의 원료 가스를 공급해 바이오수소를 생산하는 실증 실험인데, 이전에 제철소의 부생 가스를 이용한 것과는 달리 석탄가스화 합성 가스가 원료물질로 이용되었다.

바이오수소 실증 플랜트

2017년에서 2019년까지 원료물질 공급부터 수소 생산과 정제 등 전체 과정을 향후 기술 실용화에 필수적인 공정설계 방식을 적용해 구축하였다. 구축된 데모 플랜트는 미생물 배양 반응기 규모가 50톤에 달해 이전 당진제철소 실험 규모에 비해 10배 이상 커졌다. 이에 따른 여러 가지 불확실성이 있었지만, 당진제철소 실증에서 구축된 연구 팀의 플랜트 운영과 미생물 운영에 대한 기술 노하우들을 적용하면서 협업을 통해 연구를 수행하고 완

료할 수 있었다. 가스 공급, 미생물 배양, 수소 생산 등의 전 과정에 대한 공정 노하우를 획득하여 향후 상용화 플랜트로 규모를 확대하는 과정에 적용할 수 있을 것으로 생각한다.

2002년 심해 열수구에서 분리되어 실험실에서 수소 생산성이 증진된 '서모코커스 온누리누스 NA1' 미생물이 바이오 프로세스, 공정설계 연구와 융합되어 데모 플랜트 규모의 바이오수소 생산 실증에 성공한 것은 기초연구 단계의 발견으로부터 실용화 단계에 이르는 연구 전(全) 주기를 수행했다는 점에서 큰 의미를 갖는다. 바이오수소 분야에서 데모 플랜트 규모의 실증은 세계를 선도하는 연구 결과로서 관련 연구자들에게 또 다른 도전의 밑바탕이 될 것으로 보인다.

향후 규모를 키우는 것이 어렵지 않을 것으로 예측되어 바이오수소 생산 플랜트 실용화의 가능성은 높다. 또한 부생되는 일산화탄소가 많은 제철소, 가스화 발전소 등 기존 산업체와 연계된 상용화도 가능하여 산업 부생가스를 활용한 친환경적이고 경제적인 바이오수소 대량 생산도 가능할 것으로 기대된다.

바이오수소 연구의 미래상

데모 플랜트 실증 성공은 심해 열수구에서 찾은 초고온성 미생물이 일산화탄소가 포함된 가스를 원료로 먹고 자라면서 수소를 생산하는 전 과정이 공정화된다는 것을 의미한다. 이를 토대로 대량생산을 위한 바이오수소 플랜트를 설치하여 상용화를 기대해볼 수도 있게 되었다.

실험실에서 연구하고 현장에서 실증한 이 기술은 전 세계 최초로 시도되는 원천 기술이기에 국내는 물론 세계 각국으로 수출될 수 있다. 원료물질의 공급이 가능하고 수소 생산의 수요가 있는 곳이면 그 어디에서도 대한민국 역량으로 미생물과 공정 기술을 적용한 수소 생산이 가능할 것이다. 바이오수소가, 다가오는 미래의 '수소 경제 시대'에 기여할 순간이 기다려진다.

아직까지 지구 곳곳에는 알려지지 않은 수많은 유용한 미생물들이 존재한다. 이러한 미생물들을 잘 찾아내어 개발한다면 신재생 자원을 활용하는 바이오수소 생산 연구가 가능해질 것이다. 미래에는 NA1 미생물과 함께 다양한 미생물들이 바이오수소를 생산하여 친환경 에너지 사회를 앞당기는 일에 도움이 되기를 바란다.

■ 닫는 글

인식의 틀을 깨는 미생물의 세계

1990년에 출판되고, 3년 뒤 거장 스티븐 스필버그 감독이 제작해 전 세계 동심을 사로잡은 마이클 크라이튼 원작의 영화 〈쥬라기 공원〉. 호박(琥珀, amber, 나무 송진이 굳어 화석으로 된 보석)에 갇힌 모기에서 공룡의 피를 뽑아내 유전자 복원을 한다는 상상력이 세상을 즐겁게 했던 기억이 있다. 과학적 사실성을 뒤로하고 단지 작가의 상상력으로 만들었던 이야기가 이제는 유전자 합성 기술 등을 통해 현실화된 세상이다. 깊은 바닷속 열수구라는 열악한 환경에 서식하던, 눈에 보이지도 않는 마이크로미터 크기의 미생물이 전혀 다른 세상으로 옮겨져 수소를 생산하며 살아가는 것! 미생물의 입장에선 상상할 수 없는 일이지만 과학 세계에선 이런 엄청난 사건들이 수없이 일어나고 있다.

서모코커스 온누리누스(*Thermococcus onnurineus*) NA1은 해양 극한 환경 탐사 기술, 극한 미생물 분리·배양 기술, 유전체 분석 등 우리나라가 보유한 해양생명공학 기술을 접목시켜 얻어낸 원천 미생물이라는 의미가 있다. 세계 유수의 연구 기술에 의존하지 않고 우리 기술로 이루어 낸 연구 성과들은 그래서 더욱 가치가 있다. 이는 새로운 것에 도전하는 자세의 의미와 연구의 필요성을 입증한 뜻깊은 사례라고 생각한다. 현재 지구상에 수억 종이나 존재하고 있는 미생물들의 연구에는 이런 이야기와 가치가 담겨 있다. 눈에 보이지 않는 미생물 하나가 인간에게 주는 이익은 무궁무진하며 미지의 잠재력을 발견하는 일은 앞으로도 계속될 것이다.

해양탐사, 열수구 샘플 확보, 균주 분리, 균주 동정, 생리 분석, 유전체 분석, 유전체 정보 분석, 효소 기능 분석, 돌연변이 제작, 적응진화 유도, 수소 생산 프로세스 개발, 용해도 개선 반응기 개발, 공정설계, 파일럿 플랜트 개발 및 실증, 데모 플랜트 개발 및 실증 등의 연구 과정들… 파퓨아뉴기니 심해에서 열수구 미생물을 채취하여 수소 미생물로 개량하고 대형 반응기에서 수소를 생산하는 프로세스를 완성하기까지 15년의 세월이 걸렸다. 그동안 수많은 전문가들의 노력과 수고가 있었음은 당연하다.

어떤 역할이 가장 중요했을까?라는 질문은 바보 같은 질문이다. 대양 탐사에서 NA1이 살고 있는 열수구에서 채집을 하지 못했다면? 혐기성 균주 분리를 성공하지 못했다면? 유전체 분석으로 유전 정보를 얻지 못했다면? 돌연변이를 통해 우수 균주를 얻지 못했다면? 산업현장에서 실증이 성공하지 못했다면? 이 중 어떤 것 하나라도 해낼 수 없었다면 현재의 결과는 얻지 못했을 것이다.

연구자들은 이 연구를 수행하며 30대와 40대를 보냈다. 힘든 연구 여정을 같이 걸어온 연구 동료들, 지속적으로 연구비를 지원해준 정부, 지원기관, 국내외 연구기관의 과학자들에게 감사드린다. 또한 진취적인 사고를 갖고 모험과 도전을 함께해준 산업현장 관리자 여러분과 연구에 공동으로 참여해준 박사님들께 이 글을 통해 다시 한번 깊은 감사의 뜻을 전한다. '인문학과 해양생명공학의 만남' 강의를 통해 해양생명공학 연구를 다른 시각으로 바라볼 수 있는 기회를 갖게 하고 이 책의 저술에도 많은 도움을 주신 최영호 교수님께 감사드린다.

쉬우면 누구나 할 수 있지만 어려움에도 도전을 멈추지 않는 것은 가치를 알기 때문이며, 이는 과학자에겐 운명과도 같다. 새로운 기술의 가치를 인정하면서 모험과 도전에 동참한 분들과 협업하며 새로운 기술 개발과 연구를 계속 추진할 수 있도록 동력을 얻고 소중한 경험을 공유할 수 있었던 것 자체가 커다란 행운이다.

우리는 마이크로미터 크기의 작은 생명체가 지닌 잠재력이 구체화되어 새로운 산업으로 연결될 수 있다는 가능성을 보여주고 싶었다. 이런 사례는 지금껏 만나지 못한 바다의 무한한 가능성 중의 하나가 될 것이다.

희망은 우리와는 별개로 어딘가 덩그렇게 통째로 놓여 있는 게 아니다. 참된 희망은, 우리를 매혹하고 우리의 호기심을 자아내는 대상을 새로운 눈으로 보고, 발견하며, 구체화시키는 바로 거기에서 자라난다.

(사)한국미생물학회, '미생물학(Microbiology)', 범문에듀케이션, 2017.

Fukui T, Atomi H, Kanai T, Matsumi R, Fujiwara S, Imanaka T, 'Complete genome sequence of the hyperthermophilic archaeon *Thermococcus kodakaraensis* KOD1 and comparison with *Pyrococcus* genomes', Genome Research, 2005, Vol. 15, pp.352-363.

Lee HS, Kang SG, Bae SS, Lim JK, Cho Y, Kim YJ, Jeon JH, Cha SS, Kwon KK, Kim HT, Park CJ, Lee HW, Kim SI, Chun J, Colwell RR, Kim SJ, Lee JH, 'The complete genome sequence of *Thermococcus onnurineus* NA1 reveals a mixed heterotrophic and carboxydotrophic metabolism', Journal of Bacteriology, 2008, Vol. 190, pp.7491-7499.

Cha SS, An YJ, Lee CR, Lee HS, Kim YG, Kim SJ, Kwon KK, DeDonatis GM, Maurizi MR, Kang SG, 'Crystal structure of Lon protease: Molecular architecture of gated entry to a sequestered degradation chamber', EMBO J, 2010, Vol. 29, pp.3520-3530.

Maxmen A, 'Microbe carries minimalism to extremes', Nature, 2010, https://doi.org/10.1038/news.2010.469.

Kim YJ, Lee HS, Kim ES, Bae SS, Lim JK, Matsumi R, Lebedinsky AV, Sokolova TG, Kozhevnikova DA, Cha SS, Kim SJ, Kwon KK, Imanaka T, Atomi H, Bonch-Osmolovskaya EA, Lee JH, Kang SG, 'Formate-driven growth coupled with H_2 production', Nature, 2010, https://doi.org/10.1038/news.2010.469.

Lim JK, Mayer F, Kang SG, M?ller V, 'Energy conservation by oxidation of formate to carbon dioxide and hydrogen via a sodium ion current in a hyperthermophilic archaeon', Proceedings of the National Academy of Sciences of the USA, 2014, Vol. 111, pp.11497-11502.

Lee SH, Kim MS, Lee JH, Kim TW, Bae SS, Lee SM, Jung HC, Yang TJ, Choi AR, Cho YJ, Lee JH, Kwon KK, Lee HS, Kang SG, 'Adaptive engineering of a hyperthermophilic archaeon on CO and discovering the underlying mechanism by multi-omics analysis', Scientific Reports, 2016, Vol. 6, pp.22896.

그림 출처

14쪽 https://en.wikimedia.org/wiki/ (사진: Eric Erbe)

18쪽 (왼쪽) https://pixnio.com/
(오른쪽) https://commons.wikimedia.org/wiki/

20쪽 (위 왼쪽) https://en.m.wikipedia.org/wiki/ (CC BY-SA 4.0)
(위 오른쪽, 아래 오른쪽) https://commons.wikimedia.org/wiki/
(아래 왼쪽) https://ru.m.wikipedia.org/wiki/ (CC BY-SA 4.0)

28쪽 https://commons.wikimedia.org/wiki/

31쪽 (위쪽) https://www.flickr.com/photos/
(가운데) https://en.wikimedia.org/wiki/
(아래쪽) https://commons.wikimedia.org/wiki/

35쪽 (위쪽) https://commons.wikimedia.org/wiki/
(아래쪽) https://wikipedia.org/wiki/

43쪽 (왼쪽) https://commons.wikimedia.org/wiki/
(오른쪽) https://www.flickr.com/photos/

44쪽 (위쪽) https://www.flickr.com/photos/
(아래쪽) https://commons.wikimedia.org/wiki/

47쪽 https://de.wikipedia.org/wiki/ (CC BY-SA 3.0)

51쪽, 54쪽 한국해양과학기술원

61쪽, 62쪽 https://commons.wikimedia.org/wiki/

73쪽 https://www.ncbi.nlm.nih.gov/structure

83쪽 (전체) https://pixabay.com/

97쪽 (위쪽, 아래 왼쪽) https://www.pxfuel.com/
(아래 오른쪽) https://commons.wikimedia.org/wiki/